余热电站技术在海上石油平台的运用

崔 嵘 主编

YURE DIANZHAN JISHU ZAI
HAISHANG SHIYOU PINGTAI DE YUNYONG

化学工业出版社
·北京·

本书以涠洲终端燃-蒸联合循环电站项目为主线，主要介绍了燃气轮机余热利用现状、涠洲终端透平发电机余热回收技术可行性分析、改造方案、项目调试方案以及主要设备维护保养方案等内容。本书内容丰富，通俗易懂，紧密结合实际，可借鉴性强，对透平发电机余热回收改造、调试和管理具有较强的参考价值。

本书可供从事油气田开发、生产管理及电站运行管理的研究和设计人员、施工人员、工程技术人员、运行和维修管理人员使用，也可供相关专业院校师生参考。

图书在版编目（CIP）数据

余热电站技术在海上石油平台的运用/崔嵘主编．—北京：化学工业出版社，2019.4（2022.4重印）
ISBN 978-7-122-33956-0

Ⅰ.①余… Ⅱ.①崔… Ⅲ.①海上平台-余热利用 Ⅳ.①TE951②TK115

中国版本图书馆 CIP 数据核字（2019）第 033389 号

责任编辑：刘　军　张　艳　冉海滢　　　文字编辑：李　玥
责任校对：边　涛　　　　　　　　　　　　装帧设计：王晓宇

出版发行：化学工业出版社（北京市东城区青年湖南街 13 号　邮政编码 100011）
印　　装：北京捷迅佳彩印刷有限公司
710mm×1000mm　1/16　印张 13　字数 238 千字　2022 年 4 月北京第 1 版第 2 次印刷

购书咨询：010-64518888　　　售后服务：010-64518899
网　　址：http://www.cip.com.cn
凡购买本书，如有缺损质量问题，本社销售中心负责调换。

定　　价：120.00 元　　　　　　　　　　　　　　　版权所有　违者必究

本书编写人员名单

主　　编：崔　嵘
副 主 编：熊永功
参编人员：劳新力　邓传志　李　雄　梁建友　宁有智
　　　　　张　龙　李卫团　陈康成　王　涛　尉言磊
　　　　　田　宇　刘小伟　林俊锋　刘宇飞　梁　甫
　　　　　邵智生　柳　鹏　梁薛成　朱俊蒙　宫京艳

前 言
PREFACE

涠洲终端燃机电站余热回收发电项目将原以简单循环模式运行的燃气轮机发电机组改建为燃-蒸联合循环发电机组，在6台燃气轮机排气出口分别增设电动三通挡板阀，整合安装两台双压蒸汽余热锅炉，一套（10MW）汽轮发电机组及相应的疏放水系统和电站附属的一套（4500m^3/h）开式海水循环冷却系统、一套（400m^3/h）闭式淡水循环冷却系统、一套（2×250m^3/d）海水淡化及除盐水处理系统和电站全套电气系统、仪控系统、消防系统等组成燃-蒸联合循环电站。

Typhoon 73型燃气轮机和UGT6000型燃气轮机加装余热锅炉进行节能改造后，综合热效率大幅度提高。运行参数下，燃气轮机烟气中，约有397.11t/h的高温烟气进入余热锅炉，可以产生35.8t/h左右的蒸汽，发电8142kW·h，不仅提高了涠洲终端的供电能力，满足了日益增长的电力负荷需求，同时还减少了机组运行台数，增加了机组备用量，提高了涠洲终端的供电安全性保障系数。

在借鉴国内外余热利用成熟经验的基础上，依托多年积累的生产工艺改造实践和多项创新技术，湛江分公司首次成功实施涠洲终端燃-蒸联合循环电站项目。为了给类似项目的设计、调试及运行管理提供经验，亟需相关的专业书籍来总结涠洲终端燃-蒸联合循环电站项目成果。为此，本书将系统介绍燃气轮机余热利用现状，涠洲终端透平发电机余热回收技术可行性分析和改造方案、项目调试方案以及主要设备维护保养方案等，可供从事油气田开发、生产管理及电站运行管理的研究和设计人员、施工人员、工程技术人员、运行和维修管理人员使用，也可供相关专业院校师生参考。

编者
2018年10月

目 录
CONTENTS

第1章 涠洲终端电站及油田群电网 / 001

1.1 概述 / 001
    1.1.1 涠洲终端电站简介 / 001
    1.1.2 涠洲油田群电力组网简介 / 002

1.2 涠洲终端燃气轮机发电机组 / 003
    1.2.1 燃气轮机工作原理和结构 / 003
    1.2.2 西门子透平发电机组基本结构 / 018
    1.2.3 乌克兰透平发电机组基本结构 / 021

1.3 涠洲油田群电网 / 024
    1.3.1 项目背景 / 024
    1.3.2 关键技术及创新点 / 025

第2章 涠洲终端燃-蒸联合循环电站项目概述 / 033

2.1 燃-蒸联合循环电站概述 / 033
    2.1.1 联合循环发电技术 / 033
    2.1.2 汽轮机国内外发展情况 / 034

2.2 涠洲终端余热电站项目背景 / 035

2.3 项目建设必要性分析 / 036

2.4 项目实施的有利条件 / 037

2.5 项目设计条件 / 038
    2.5.1 场地条件 / 038
    2.5.2 气象条件 / 038
    2.5.3 运输条件 / 039
    2.5.4 水源条件 / 039
    2.5.5 现有主要设备技术规范 / 039

2.6 燃气轮机余热利用现状及发展趋势 / 040
    2.6.1 油气处理输送终端动力模块现状分析 / 040
    2.6.2 油气处理输送终端余热利用现状分析 / 041
    2.6.3 油气处理输送终端余热利用技术趋势 / 041

2.7 涠洲终端余热电站方案及技术可行性分析 / 041
    2.7.1 燃气轮机余热利用技术方案 / 041
    2.7.2 燃-蒸联合循环可行性分析 / 045
    2.7.3 热平衡计算 / 047

第3章 润洲终端燃-蒸联合循环发电方案 / 051

3.1　Typhoon 73型燃气轮机余热利用方案 / 051
3.2　UGT6000型燃气轮机余热利用方案 / 052
3.3　主要技术经济指标 / 053
3.4　总图方案 / 058
　　3.4.1　平面布置 / 058
　　3.4.2　竖向布置及排水 / 059
　　3.4.3　运输 / 059
　　3.4.4　管线布置 / 059
　　3.4.5　主厂房布置 / 059
3.5　主要设备 / 059
　　3.5.1　汽轮机组 / 059
　　3.5.2　余热锅炉 / 070
3.6　主要系统 / 078
　　3.6.1　热控专业 / 078
　　3.6.2　循环水及化学药剂专业 / 082
　　3.6.3　配电系统 / 093
3.7　润洲终端余热电站调试方案 / 094
　　3.7.1　锅炉调试方案 / 094
　　3.7.2　汽轮机及辅助系统调试 / 109
　　3.7.3　电气专业调试方案 / 140
　　3.7.4　热控专业调试方案 / 152

第4章 润洲终端余热电站项目主要设备维护保养 / 186

4.1　燃-蒸联合循环电站主要设备 / 186
4.2　燃-蒸联合循环电站设备维护保养策略 / 188
4.3　余热锅炉维护保养 / 189
　　4.3.1　锅炉检验资料准备 / 190
　　4.3.2　锅炉检验现场准备工作 / 190
　　4.3.3　检验过程中的现场配合以及安全监护工作 / 190
　　4.3.4　检验方法以及要求 / 191
　　4.3.5　技术资料核查 / 191
4.4　汽轮机检修 / 196

结论及展望 / 199
参考文献 / 200

第1章
涠洲终端电站及油田群电网

1.1 概述

1.1.1 涠洲终端电站简介

涠洲作业公司主要负责北部湾海域原油和天然气的自营开发，生产设施包括涠洲 11-4 油田（含涠洲 11-4A 平台、涠洲 11-4B 平台和涠洲 11-4C 平台）、涠洲 12-1 油田（含涠洲 12-1A 平台、涠洲 12-1PAP 平台、涠洲 12-1B 平台、涠洲 6-1 平台、涠洲 6-8 平台、涠洲 6-9 平台和涠洲 6-10 平台）、涠洲 11-1 油田（含涠洲 11-1A 平台、涠洲 11-1RP 平台、涠洲 11-1N 平台、涠洲 11-2A 平台和涠洲 11-4D 平台）、涠洲 12-8W/6-12 油田（含涠洲 12-1PUQB 平台、涠洲 6-12 平台、涠洲 12-8W 平台和涠洲 6-13 平台）、涠洲 11-4N 油田（含涠洲 11-4NA 平台、11-4NB 平台和涠洲 11-4NC 平台）、涠洲 12-2 油田（含涠洲 12-2A 平台、12-1W 平台和涠洲 11-2B 平台）和涠洲终端（含单点系泊和码头），共 25 个海上平台和 1 个陆地终端，作业区域水深普遍在 30～40m。

涠洲终端是湛江分公司第一个自营综合性油气处理终端，位于北部湾海域的涠洲岛西北侧，占地面积 30 万平方米，整个终端包括一个油气处理厂、终端专用码头、单点系泊、直升机坪和水源井等。该终端处理厂内的生产处理设施主要有原油分离脱水和稳定系统、天然气处理系统、污水处理系统、脱硫装置、炭黑生产装置、产品储运系统，并设有供热、供水、排水、消防、电力、通信系统及配套的公用设施，是一座独立、完善的油气综合处理厂。

该终端与海上涠洲 11-4 油田、涠洲 11-1 油田、涠洲 12-1 油田、涠洲 12-8W/6-12 油田、涠洲 12-2 油田以及涠洲 11-4N 油田组成涠西南油田群总体开发工程，距离涠洲 12-1 油田 29.7km，距离涠洲 11-4 油田 59.7km，海上油田的油水混合物和原料气分别通过海底管线输送到该终端，在处理厂进行油气水处理、轻烃回收和产品储存外输。

涠洲终端发电站位于第三层平台中部，由四台双燃料燃气轮机发电机组（主发电机组）、一台应急柴油发电机组、高压配电室、变电站（变压器）、低压配电室组成。燃气轮机发电机组燃料气系统将配气站来的天然气，经过过滤、气液分离、天然气加热器，以稳定的压力、温度满足燃气轮机发电机组对燃料气的需要。燃气轮机发电机组燃料油系统将位于本站燃油罐中的燃料油经过滤、加压达到燃气轮机对燃料油的需求。主发电机组的启动需要外界环境提供三项条件，即启动电源、天然气（或燃料油）及仪表风。燃气轮机发电机组启动时，其辅机的供电由应急发电机组或已运行的燃气轮机发电机组提供；天然气由海上油田提供的海管来气经过轻烃系统进行分离脱水处理后，送到配气站，再分配给四台透平（燃料油由发电站的日用柴油罐经燃料油供油橇提供）；净化干燥的仪表风由终端厂内的公用仪表风系统为机组提供。燃气轮机发电机组除提供终端生产和生活所需电力外，还可向涠洲地方政府提供部分电力供应。应急发电机组提供主发电机组启动电源及全厂事故状态下的应急电力，保证终端的安全。

涠洲终端发电站主发电机组的设计装机容量为 17120kW，单台燃气轮机发电机组的现场装机容量为 4280kW，目前实际运行方式为三用一备。发电站自动管理系统具有优先脱扣保护功能，断路器保护设定值为发电机额定值的 90%。因此，主发电机组的实际运行容量为 11556kW。四台燃气轮机发电机组在实际运行中互为备用，在电站管理中也将四台主发电机组相互切换使用。2012 年底，涠州终端处理扩建两台 6MW UGT6000 型燃气轮机发电机组，设计装机容量为 12MW，单台机组装机容量为 6MW，运行方式为两用一备。

1.1.2　涠洲油田群电力组网简介

目前国内海上平台采取每一个中心平台建一个电站给中心平台和各井口平台供电的方式，为了确保各个平台的安全供电，单个电站电网在运行过程中不得不保留足够的热备用量，导致满足整个油田群油气生产发电机的开机台数较多，造成资源浪费。同时，由于单平台电站容量小，其抗风险能力不强。例如启动注水泵等大型设备，常常会导致平台电站关停，从而导致油气田生产的关停，严重影响油气田的安全生产。

针对当时的严峻形势，中海石油（中国）有限公司湛江分公司首次创新性地提出了海上油田群电力组网技术研究，依靠科技进步、自主创新、大胆实践，从 2006 年开始立项，陆续开展了海上油田电力组网等技术攻关和海上实验，于 2008 年开始对油田群中的 16 台发电机组分Ⅰ、Ⅱ、Ⅲ期进行电力组网。目前已完成涠洲终端、涠洲 12-1、涠洲 11-1、涠洲 11-1N、涠洲 12-1PUQB、涠洲 12-2、涠洲 11-4NB 等油田的联网工作，取得了很好的节能减排效果和经济效益，对中国海上未来油气田的区域开发具有重要的指导意义和积极的示范作用。

涠洲油田群电力组网实践成果包括以下几点：

① 首次提出了在中国海上"油田分布式电站组网供电"的理念，开发过程

中逐步形成了"海上电网的能量管理系统、电网智能控制中心、特殊光电复合电缆"等先进创新技术系列，取得了一系列实践的工程经验。不仅很好地解决了区域一体化开发中电力供给的问题，而且进一步提高了电力运营效率，提高了供电的可靠性，扩大了原有生产设施的生产能力，降低了新油气田开发的经济门槛。在安全生产、节能减排、降本增效方面发挥了巨大的作用。

② 实现了很好的节能减排效果：通过八年的探索实践，在涠西南区域开发过程中，可实现每年节省天然气 4000 万立方米。随着该实践经验的进一步推广，其节能减排的效果将会更加显著。

③ 创造了很好的经济效益：电力组网项目的实施产生直接经济效益达 36 亿元；同时，本技术的实施大大降低了涠西南区域中小油田依托开发的门槛，预计可促成 7 个小油田（区块）的经济开发，产生间接经济效益达 177 亿元。

④ 通过科技攻关，形成了电力组网领域 9 项关键技术，其中"海上平台电网能量管理系统（EMS）方案"等五项技术为国内首创。电力组网项目是我国第一个海上油田群长距离、小机组的电力组网工程，该项目的成功实施标志着我国海上油气田电网系统建设取得了重大突破。

1.2　涠洲终端燃气轮机发电机组

1.2.1　燃气轮机工作原理和结构

1.2.1.1　基本原理

图 1-1 说明了燃气轮机工作的基本原理。如图 1-1（a）所示，在气球内的压缩空气将力作用于气球的边缘上。按照定义，具有重量并占有空间的空气具有质量。空气的质量和它的密度成正比，密度与压力、温度成比例。如 Boyle 定律和 Charles 定律（$PV/T=K$）所述，随着温度升高和压力降低，空气中的分子进一步分开，随着温度降低和压力升高，空气中的分子更接近。

如图 1-1（b）所示，被限制在气球内的空气，当它被释放时，它会加速离开气球，产生力。如同牛顿第二定律（$F=MA$）中所说的那样，这个力会随着质量加速度的增加而增加。由气球内空气质量加速度产生的力导致一个大小相等而方向相反的力，该力使气球向相反方向推动。

代替气球内的空气，如图 1-1（c）所示，不能持续维持所需的作用力；如图 1-1（d）所示，允许一个负荷被加速穿过并驱动一个"涡轮"的空气质量的力驱动。

图 1-1（e）说明了维持一个加速的空气质量的力被用来驱动一个负荷的更实用的方法。该机壳包含固定体积的空气，空气被由原动机驱动的压气机压缩，被

压缩的空气加速离开机壳,驱动被连接到负荷的一个"涡轮"。

如图1-1(f)所示,空气被喷入压气机和涡轮之间,以便进一步加速空气质量,从而增加被用来驱动负荷的力。图中指出,由于负荷增加,驱动压气机的原动机也更大,并且必须更费力地工作。

如图1-1(g)所示,原动机被拆除并且压气机由部分燃气驱动,因此只要提供燃料,就能使发动机自给自足。

图1-1(h)代表典型的燃气轮机工作原理,进气被压缩,与燃料混合并被点火,高温燃气膨胀通过涡轮,提供机械功来驱动压气机,并且剩余的一些功率用来驱动负荷,之后高温燃气被排到大气中。

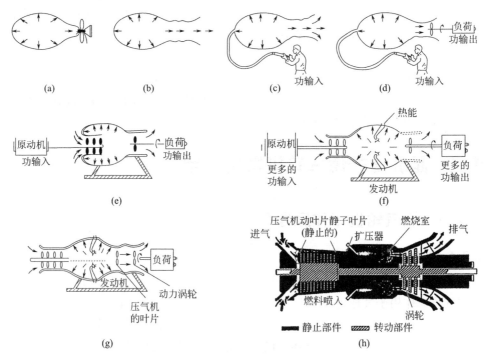

图1-1 燃气轮机工作原理

1.2.1.2 发动机循环设计

燃气轮机的工作循环类似于四冲程活塞式发动机的工作循环。但在燃气轮机中,燃烧是在恒定的压力下产生的;而在活塞式发动机内,燃烧是在恒定的体积下进行的。这两种发动机循环都表明,每种情况下都存在吸入(空气或空气燃料)、压缩、燃烧和排气。在活塞式发动机的情况下,这些过程是间歇的,而在燃气轮机中是连续的。在活塞式发动机内,生产功率中只使用一个冲程,其他冲程被包含在工作流体吸入、压缩和排出中。比较起来,燃气轮机消除了三个"无功"的冲程,因此使得更多的燃料能在更短的时间内燃烧。

燃气轮机工作循环最简单的表现形式是压力-体积图，如图 1-2 所示，这个过程被称为布雷顿循环，在所有的燃气轮机中都发生这个过程。

布雷顿循环各阶段工作过程说明如下：

① 点 A 表示在大气压力下的空气，它沿 AB 线被压缩。压缩发生在压气机进口与出口之间。在此过程中，空气的压力和温度增加。

② 从 B 到 C，通过引入燃料并在等压下燃烧燃料，把热量加给空气，从而显著增大了空气的体积。燃烧在燃烧室内发生，在燃烧室内，燃料和空气被混合到易爆炸的比例并点火。

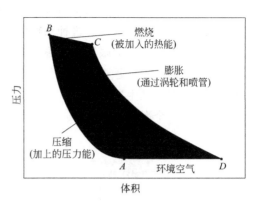

图 1-2　布雷顿循环示意图

③ 当高温燃气离开燃烧室加速时发生膨胀，燃烧室内的压力损失由 B 与 C 之间的压力降显示，这些燃气以恒定的压力进入涡轮并通过它膨胀。

④ 从 C 到 D，高温燃气通过涡轮膨胀并排到大气中，在循环的这一部分，超过 88% 的气流能量由涡轮转变成机械功，在发动机排气管处出现排气，体积增加，压力恒定。

1.2.1.3　单轴与双轴发动机结构的比较

图 1-3 是传统的单轴与双轴装置示意图。轴流 COMP（压气机）、CT（压气机涡轮）和 PT（动力涡轮）全是机械连接的。如果把发电机和齿轮箱加到这个轴上，就会有一个具有高惯性矩的轴系，并且这对于发电机是有利的结构，因为在大的负荷波动时，它可以提供电流附加的速度（频率）稳定性。

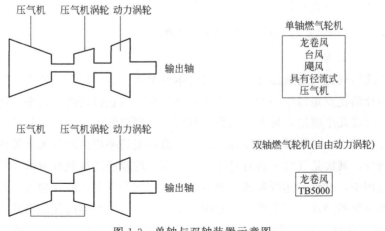

图 1-3　单轴与双轴装置示意图

对工业双轴结构而言，只是压气机和压气机涡轮被连接在一起，并且它们与动力涡轮和输出轴无关（指在机械上不连接），以便独立地旋转。这种结构对于变速驱动成套装置，如泵和压缩机都是有利的，因为燃气发生器可以针对给定的负荷以其最佳的速度运转。这种双轴仍然可用于驱动发电机，但在任何情况下它的负荷接受能力通常被限制为全输出功率的1/3。

图1-4表示一种更复杂的航改型工业燃气轮机结构。这基本上仍是一种双轴结构，但是燃气发生器的核心（原来的喷气发动机）被设计成具有两个转子、一个低压轴和一个高压轴。

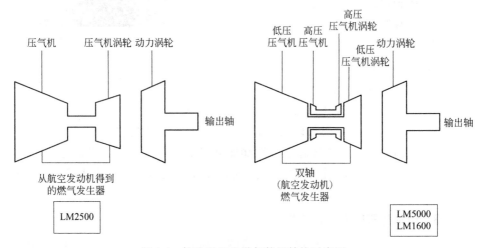

图1-4 航改型工业燃气轮机结构示意图

航改型燃气轮机既在机械驱动装置中得到了广泛的应用，也在发电机驱动装置中得到了广泛的应用。在当前的市场中最著名的发动机是GE（美国通用电气公司）生产的LM系列燃气轮机。

1.2.1.4 多级轴流式压气机基本结构及原理

（1）基本结构

轴流式压气机的通流部分分为三种基本的型式：等内径、等外径、等平均直径。等内径的优点是每级平均直径小而使叶片高，可获得较高的效率，还易于把通流部分分成几个级组，每个级组设计成同一叶型以便于加工。等外径的优点是平均直径逐级增大，即圆周速度逐级增大，故每级的平均做功量大于等内径的而使级数较少，其次是气缸平直且易于加工。等平均直径的级数及效率介于两者之间。在使用中，有将上述两种或三种型式混合应用的方案，以及用内、外径和平均直径都在变的型式。在工业燃气轮中，压气机多数采用等内径的型式。

① 进气机匣 进气机匣（气缸也叫机匣）中收敛器流道截面不断缩小，应满足气流在其中均匀加速的要求，同时使气流较为均匀地流入进口导叶，以保证

压气机达到良好的性能。进气机匣一般是铸造的，应注意收敛器流道及筋板表面的清洁处理及打光，而收敛器出口通道则需经机加工来获得所要求的尺寸。

压气机出口扩压器性能的好坏对压气机效率有直接影响。在扩压角 2γ 为 $10°\sim12°$ 时扩压效率较高，这时轴向尺寸较长。在机组的轴向尺寸允许时，采用直线扩压器较好。但有不少机组为使转子的临界转速符合要求，需尽量压缩机组轴向长度来增大转子的刚性，这时将采用弯曲流道的扩压器。

② 压气机转子　压气机转子是高速旋转的部件，它把从透平传来的扭矩传给动叶以压缩空气，这一特点决定了转子对强度有较高的要求。刚度问题主要反映在临界转速上，机组的工作转速应避开临界转速，最大工作转速低于一阶临界转速的称为刚轴，它要求临界转速高于最大工作转速 20%～25%。工作转速高于一阶或二阶临界转速的称为柔轴。对于工作转速变化的转子，为使在工作转速范围内避开临界转速，常常希望设计成刚轴。应指出，转子的临界转速除与自身的刚性有关外，还与轴承处的支承刚性密切有关。对于用在车、船等运输机械上的燃气轮机，在工作时还要承受惯性力、陀螺力矩及冲击力等，它对转子的强度和刚度提出更高的要求，使在这些力的作用下不仅强度足够且变形很小。此外，转子上各零件的连接应结实可靠，并准确地相互对中，以确保安全运行。

压气机转子的结构型式可分为鼓筒式、盘式、盘鼓混合式三种。盘鼓混合式按其连接方式的不同，又可分为焊接转子、径向销钉转子、拉杆转子等。另一种分类是把转子分为不可拆卸与可拆卸两类。在轴向装配式的机组中，若装拆压气机时要求转子解体的，就必须采用可拆卸转子，而且要求装拆方便，只有拉杆转子才有可能满足这些条件。

③ 压缩机动叶　压缩机动叶是高速旋转的叶片，又称为工作叶片，它把透平的机械功传给空气，是压缩空气的关键零件。动叶和静叶的好坏对整台机组有很大的影响，同时和机组的安全工作、尺寸、重量等均有很大关系。动叶使用的主要要求有：良好的气动性能、能高效率地压缩空气、有较高的机械强度、能承受巨大的离心力及其他引起的应力、在工作中能避免共振或有良好的振动阻尼、加工方便、便于装拆等。

a. 叶身　叶身即叶片的型线部分。目前的叶型都是经过大量试验得到的，虽然具体的型线有多种，但都有着共同的特点，即叶型较薄、折转角 θ 较小（与透平叶型相比），这是由扩压流动的特点决定的。亚声速叶型进气边头部因角半径大些，最大厚度约在靠近进气边沿弦长的 1/3 处，出气边则较薄。而跨声速级的特点是进出气边均较尖，目前用得较多的双圆弧叶型，叶型左右对称，进出气边端部圆角很小。为符合气动要求，动叶沿叶高均设计成扭转叶片，以获得高的效率。为改善叶顶处的流动状况，有的还采用顶部中弧过弯结构，这时叶顶处内弧部分削去一部分材料，剩下的是很薄的叶尖，其折转角要比原来的叶型大。因此，叶尖部分的加功量增大，提高了壁面气流的能级，增大"唧送"作用，使壁面附面层延迟分离，扩大了压气机的稳定工作范围，有利于提高压比及效率。削薄叶顶还允许采用较小的径向间隙来减少漏气损失。为降低叶型根部截面处的应力以及使沿叶高的应力分布差别缩小，动叶都设计成沿叶高逐渐减薄的结构，有的还适当减小叶片弦长。沿叶高各截面的重心应在一条直线上，且希望该线与转子的辐射线不重合而有一夹角，它应偏向于背弧一侧，使工作时产生一离心力弯矩来同气动弯矩相抵消，这也可减小叶根截面处的应力。

由于叶片进口气流总是不均匀的，因而叶片要受到周期性变化的力的作用，此即激振力，它将使叶片振动。当激振力的频率和叶片的自振频率相重合时，叶片就要共振。在燃气轮机运行的事故中，叶片因振动发生裂纹甚至断裂的事故相当多，故设计时必须充分注意，应使叶片自振频率避开激振频率。对一些长的压气机叶片来说，由于叶片长而薄，振动应力大，在无法避免振动时应采取阻尼措施。在叶片上加装阻尼凸台是目前普遍采用的措施。当叶片装在轮盘上后，各叶片上的阻尼凸台相互靠着而形成一环状箍带，在叶片振动时，凸台接触面处发生高频摩擦而起减振作用。此外，阻尼凸台还同时作为叶片的辅助支点，以降低根部截面的弯曲应力。阻尼凸台的位置一般在叶高的一半以上，不少机组在 2/3 叶高左右。凸台的接触面应喷涂硬质合金以抗磨损，例如等离子喷涂碳化钨与纯钴。

某些压气机长叶片在工作时还会发生颤动，它是叶片在高速气流中产生的自激振动，对叶片的危害和强迫振动是一样的。但是，颤动不可能像发生强迫振动时那样通过叶片调频或改变激振力的频率来避开，而主要依据气动特性改进的实验研究来设法消除。

目前，由于叶片精密成型工艺进展迅速，各种复杂形状的叶片均可得到且保证质量，故设计叶片型面主要是考虑和满足气动及强度的要求，以获得良好的性能。但是，为了降低加工成本，工业型燃气轮机往往把相邻几级叶片设计成同样的型面，用顶截的办法来获得不同的动叶高度。于是，压气机就分成了几个级组，每个级组为同一种叶型，使整台压气机中只有几种叶型，减少了工艺装备，降低了制造成本。叶身的加工精度要求高，型面的偏差一般为 $0.05\sim0.15\mathrm{mm}$。叶片表面要抛光，以获得光滑的流道和提高叶片表面的疲劳强度。

b. 叶根　叶根是动叶与轮盘连接紧固之处，对它的要求是：保证连接处有足够的强度、应力集中小、对轮盘强度的削弱少；连接可靠、保证安装位置准确；便于加工、拆装方便；对航空机组来说，还要求叶根重量轻、尺寸小。压气机动叶的叶根，按其装配方式来说，有周向装入、轴向装入及插入式等几种。叶片装在轮盘的圆周向根槽中，常用于鼓筒式转子和焊接转子。

叶根的型式包括 T 形叶根、齿形叶根等。T 形叶根的结构较简单，加工较方便，但其承截面积较小，主要用于不太长的叶片。为使叶片能装入转子上的根槽中，必须在根槽上开专门的槽口。把两相邻根槽之间铣出一燕尾形槽口，这两级叶片即可从该处装入转子的根槽中，然后把叶片推至需要的位置。在装入最后几片叶片之前，应先把锁紧块放入槽口内，在装入最后一片叶片后，将锁紧块推向两侧，中间打入楔块，再用骑缝螺钉把楔块固定在转子上。这种叶根结构的缺点是叶片装拆不方便。齿形叶根的优点是承截面积比 T 形叶根大，缺点是加工难度要大些。在两动叶之间采用隔叶块的结构，用隔叶块使叶片装配简化。原因是叶根及隔叶块的平行四边形，其短的一条对角线与根槽边的夹角 α 大于 90°，把叶片放入根槽后再按顺时针方向旋转，叶根就可和根槽相配合，之后再将叶片与已装好的相邻隔叶块推紧。隔叶块的装配也一样。当装至最后的隔叶块时，把隔叶块分为三块，先装入两旁的那两块，再打入中间楔块并冲铆之，有时甚至焊住以确保可靠。当一个隔叶块的位置空着但还不够装入一片叶片时，需要将最后两个隔叶块都做成相同的锁紧结构，使多空一个隔叶块的位置来装末叶，在末叶装入后再装该两锁紧隔叶块。因此，齿形叶根结构不仅叶片装拆方便，且转子上不需开装叶片的槽口。但是，当叶根平行四边形的夹角 $\alpha \leqslant 90°$ 时，就无法将叶根旋转至和根槽相配合的位置，这时仍需开槽口，装配方法同 T 形叶根。

④ 气封　气封是减少漏气的装置，是压气机气流通道中不可缺少的部件。透平中亦然，并广泛用它来控制转子的冷却空气流量。气封的功能是减少漏气量。但在不同的应用部位，它的作用不同。

在压气机的进气端的空气是被吸入的，即在进口导叶处的静压低于大气压力，因而该处转子和静子之间的间隙有空气被吸入。通常该处紧靠着轴承座，运行时将有油雾自轴承座中漏出，正好随空气被吸入压气机而粘在叶片表面，形成污垢使效率降低。因此，在该处应采取措施，不让有油雾的空气被吸入，常用的是气封封气装置，如图 1-5 所示。它从压气机中间某级引来一股比大气压力高的压力空气，在气封中气流分为两股，一股流入大气，另一股流至压气机进口回到通流部分中，这时含有油雾的空气就不会被吸入了，该封气装置中的气封起着减

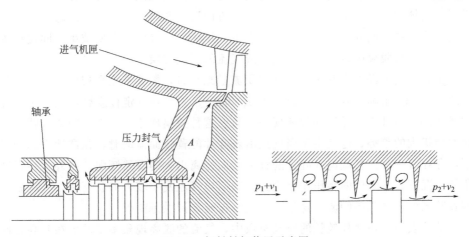

图 1-5　气封封气装置示意图

少消耗引来的压力空气的作用。另有一种是把压力空气引到空腔中,然后一部分经轴端气封漏至大气,另一部分流回通流部分。这时在进口导叶底部与转子之间亦需装气封,以减少向通流部分的漏气。该种引气方式使 A 腔中的压力升高,变为引来空气的压力,同时起着平衡转子轴向推力的作用。当然,也有一些机组只是采用气封来减少被吸入的空气量,而不是用来平衡轴向推力。但是,这时轴承座处的密封应采取措施,以防油雾漏出。

在压气机出口处是高压空气,需用气封来减少漏气。整体式结构的单轴燃气轮机,当转子采用两端支承时,该气封正好在压气机出口和透平进口之间,作用是控制流到透平中的冷却空气量。

有静叶内环的压气机,由于静叶出口侧的压力高于进口侧,故出口侧的空气要从内环与转子之间的间隙漏至进口侧。因此在静叶内环上要加气封,以减少漏气来提高效率。

(2) 压气机喘振机理

① 发生喘振现象的原因　如果流经压气机的空气流量减小到一定程度,那么空气流量会忽大忽小,压力会时高时低,甚至会出现气流由压气机倒流到外界大气中的现象,同时还会发生巨大的声响,使机组伴随强烈的振动,这种现象通称为喘振现象。在机组的实际运行中,决不能允许压气机在喘振工况下工作。

那么,喘振现象究竟是怎样产生的呢?通常认为:喘振现象的发生总是与压气机通流部分中出现的气流脱离现象有密切关系。

当压气机在设计工况下运行时,气流进入工作叶栅时的冲角接近于零。但是当空气体积流量增大时,气流的轴向速度就要加大。假如压气机的转速 n 恒定不变,将会产生负冲角 ($i<0$)。当空气体积流量继续增大,而使负冲角加大到一定程度,在叶片的内弧面上就会发生气流边界层的局部脱离现象。但是,这个脱离区不会继续发展。这是由于当气流沿着叶片的内弧侧流动时,在惯性力的作用下,气体的脱离区会朝着叶片的内弧面方向聚拢和靠近,因而可以防止脱离区的进一步发展。此外,在负冲角的工况下,压气机的级压比有所减小,即使产生了气流的局部脱离区,也不至于发展成气流的倒流现象。

可是,当流经工作叶栅的空气体积流量减小时,情况将完全相反。那时,气流的 β_1 和 α_2 角都会减小。然而,当 β_1 和 α_2 角减小到一定程度后,就会在叶片的背弧侧产生气流边界层的脱离现象。只要这种脱离现象一出现,脱离区就有不断发展扩大的趋势。这是由于当气流沿着叶片的背弧面流动时,在惯性力的作用下,存在着一种使气流离开叶片的背弧面而分离出去的自然倾向。此外,在正冲角的工况下,压气机的级压比会增高,因而当气流发生较大的脱离时,气流就会朝着叶栅的进气方向倒流,这就为发生喘振现象提供了前提。

试验表明:在叶片较长的压气机级中,气流的脱离现象多半发生在叶高方向的局部范围内(例如叶片的顶部)。但是在叶片较短的级中,气流的脱离现象却有可能在整个叶片的高度上同时发生。研究表明：在环形叶栅的整圈流道内，可以同时产生几个比较大的脱离区，而这些脱离区的宽度只不过涉及一个或几个叶片的通道。而且，这些脱离区并不是固定不动的，它们将围绕压气机工作叶轮的轴线，沿着叶轮的旋转方向，以低于转子的旋转速度连续地旋转。因而，这种脱离现象又称为旋转脱离（旋转失速）。当压气机在低转速区工作时，经常会出现旋转失速现象。它最严重的后果是会使叶片损坏，从而有可能使整台压气机破坏。

通过以上分析可以看清：气流脱离现象（失速）是压气机工作过程中有可能出现的一种特殊的内部流动形态。当空气体积流量减少到一定程度后，气流的正冲角就会加大到某个临界值，以致在压气机叶栅中，迫使气流产生强烈的旋转失速流动。那么，在压气机中发生的强烈旋转失速为什么会进一步发展成为喘振现象呢？

下面用图 1-6 来简单地说明一下喘振现象的发生过程。假如压气机 1 后面的工作系统 2 可以用一个容积为 V 的容器来表示。流经压气机的流量可以通过装在容器出口处的阀门 3 来调节。那么，当压气机的工作情况正常时，随着空气体积流量的减少，容器中的压力就会增高。但是，当体积流量减少到一定程度时，在压气

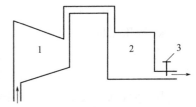

图 1-6　喘振现象示意图
1—压气机；2—工作系统；3—阀门

机的通流部分中将开始产生旋转失速现象。假如空气的体积流量继续减小，旋转失速就会强化和发展。当它发展到某种程度后，由于气流的强烈脉动，就会使压气机的出口压力突然下降。那时，容器中的空气压力要比压气机出口的压力高，这将导致气流从容器侧倒流到压气机中去；而另一部分空气则仍然会继续通过阀门流到容器外面去。由于这两个因素的同时作用，容器的压力就会立即降低下来。假如当时压气机的转速恒定不变，那么随着容器压力的下降，流经压气机的空气体积流量就会自动地增加上去；与此同时，在叶栅中发生的气流失速现象逐渐消失，压气机的工作情况将恢复正常。当这种情况继续一个很短的时间后，容器的压力会再次增高，流经压气机的空气流量又会重新减少下来，在压气机通流部分中发生的气流失速现象又会再现。上述过程就会周而复始地进行下去。这种在压气机和容器之间发生的空气流量和压力参数的时大时小的周期性振荡，就是压气机的喘振现象。

总之，在压气机中出现的喘振现象是一种比较复杂的流动过程，它的发生是以压气机通流部分中产生的旋转失速现象为前提的，但也与压气机后面的工作系统有关。试验表明：工作系统的体积越大，喘振时空气流量和压力的振荡周期就越长，而且对于同一台压气机来说，如果与它配合进行工作的系统不同，那么在整个系统中发生的喘振现象也就不完全一样。

喘振对压气机有极大的破坏性，出现喘振时，压气机的转速和功率都不稳定，整台发动机都会出现强烈的振动，并伴有突发的、低沉的气流轰鸣声，有时会使发动机熄火停车。倘若喘振状态下的工作时间过长，压气机和燃气涡轮叶片以及燃烧室的部件都有可能因振动和高温而损坏，所以在燃气轮机的工作过程中决不允许出现压气机的喘振工况。最后应该指出：喘振和旋转失速是两种完全不同的气流脉动现象。喘振时通过压气机的流量会出现较大幅度的脉动。而旋转失速会造成压气机轴旋转区域的流量降低，但通过压气机的平均流量是不变的。

研究表明：当压气机在低于设计转速的情况下工作时，在压气机的前几级中将会出现较大的正冲角，而后几级中却会形成负冲角。因而当空气流量降低到某个极限时，在压气机中容易发生因前几级出现旋转失速而导致的喘振现象。反之，当压气机在高于设计转速情况下工作时，压气机的后几级中则会发生正冲角，那时喘振现象多半是由于发生在后几级中的旋转失速现象引起的。

最后，对压气机的喘振现象可以归纳出以下几点看法：

a. 级压比越高的压气机或者是总压缩比越高和级数越多的压气机，就越容易发生喘振现象。这是在这种压气机的叶栅中，气流的扩压程度比较大，因而也就容易使气流产生脱离（失速）现象。

b. 多级轴流式压气机的喘振边界线不一定是一条平滑的曲线，而往往可能是一条折线。据分析认为：其原因可能是在不同的转速工况下，进入喘振工况的级并不相同。

c. 在多级轴流式压气机中，因最后几级气流的旋转失速而引起的喘振现象会更加危险，因为那时机组的负荷很高，而这些级的叶片又比较短，气流的失速现象很可能在整个叶高范围内发生，再加上当地的压力又高，压力的波动比较厉害，因而气流的大幅度脉动就会对机组产生非常严重的影响。

d. 进排气口的气流流动越不均匀的压气机就越容易发生喘振现象。

② 防止喘振的措施　概括起来说，防止发生喘振现象的措施有以下五个方面：

a. 在设计压气机时应合理选择各级之间的流量系数，力求扩大压气机的稳定工作范围。

b. 在轴流式压气机的第一级或者前面若干级中装设可转导叶，当流进压气机的空气流量发生变化时，可以关小或开大可转导叶的安装角 γ_p 来减小或消除气流进入动叶时的正冲角，从而达到防喘的目的。由于在低转速工况下，压气机的前几级最容易进入喘振工况，因而通常把压气机的第一级入口导叶设计成可以旋转的。采用可转导叶的措施不仅可以防止压气机的第一级进入喘振工况，而且还能使其后各级的流动情况得到改善。因为当压气机动叶中气流的正冲角减小时，级的外加功量就会下降，也就是说，在压气机第一级出口处空气的压力比较低，这样就可以增大流到其后各级中的空气体积流量，使这些级的气流冲角适当减小，因而有利于改善这些级的稳定工作特性。

c. 在压气机通流部分的某一个或若干个截面上安装防喘放气阀。

鉴于机组在启动工况和低转速工况下，流经压气机前几级的空气流量过少，以致发生较大的正冲角，而使压气机进入喘振工况，于是人们就设想出在容易进入喘振工况的某些级的后面开启一个或几个旁通放气阀，迫使大量空气流过放气阀之前的那些级，那么就有可能避免在这些级中产生过大的正冲角，从而达到防喘的目的。

d. 合理地选择压气机的运行工况点，使机组在满负荷工况下的运行点离压气机喘振边界线有一定的安全裕量。

e. 把一台高压比的压气机分解成两个压缩比较低的高、低压压气机，依次串联工作，并分别采用两个转速可以独立变化的涡轮来带动的双轴（转子）燃气轮机方案，可以扩大高压比压气机的稳定工作范围。

总之，通过以上五个措施，可以防止在压气机中发生具有破坏性的喘振现象，有利于扩大整台机组稳定工作的范围。

1.2.1.5 燃烧室基本结构及原理

燃烧室是组成燃气轮机的又一个主要部件，燃烧室的功能是保证压气机提供的高压气流与外部燃料系统注入的燃料充分混合燃烧。燃烧室结构通常由下列部件组成：外壳、火焰管、火焰稳定器、燃料喷嘴、点火设备和观察孔等。燃烧室的型式按布置方式可划分为分管型、环型、环管型、管头环型、双环腔型和圆筒型等。按气流通过燃烧室的流程来划分，又可分成直流式、回流式、角流式和旋风式等。

对于典型的"管式"燃烧室，火焰稳定的流谱如图 1-7 所示，大多数工业燃气轮机以圆周方向排列不同数目的火焰筒（管）的型式使用这种型式的燃烧室，航改型燃气轮机已从这种设计演变到一种单环燃烧室，多个燃料喷嘴沿圆周方向均匀分布，全部等压燃烧的燃气轮机的燃烧室均依据同样的原理工作。

为了使系统能有效地工作，燃气轮机的燃烧室必须满足以下三个主要的功能：

① 保护燃烧室外机匣免受对流和辐射的传热，这是因为该机匣是一个压力容器。

② 减小空气速度到能使火焰稳定的量级。

③ 在热燃气冲击到涡轮静止的和旋转的组件的部件上以前，把燃烧产物温度降到可接受的范围。

当发动机正以满负荷运行时，在火焰的顶部（末端）接近 1760℃，在燃烧室结构内的金属材质无法承受这一范围内的温度。所以，在燃烧室内壁和外壁之间设计空气流通通道，用于冷却和火焰成形，流入内室的空气通过小孔被引导，使火焰在燃烧室内成形，防止它与燃烧室（火焰筒）壁接触，进入燃烧室的82%空气流用于冷却和火焰成形，仅仅18%被用作燃料燃烧。

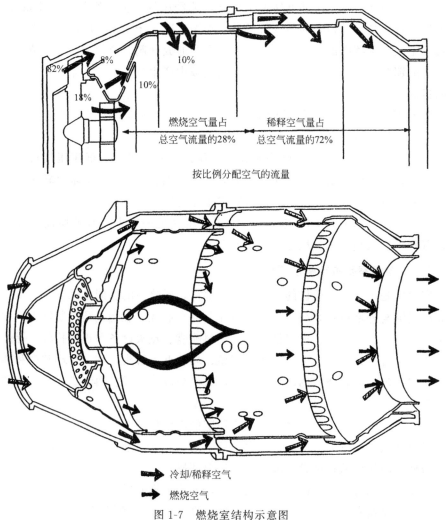

图 1-7　燃烧室结构示意图

在设计条件下，燃烧室内火焰的稳定性是极为重要的，当火焰锋面以高的频率前进和后退时，产生不稳定的火焰。这引起一个压力波系，该波系将加速涡轮热部分的机械疲劳破坏。按照图 1-8 所示，通过设计可以避免出现这种情况，从图说明中可以看到，如果燃烧室被限定在稳定性回路内的质量流量和空气/燃料比的整个范围内运行，则火焰将稳定运行。该回路的边界同时指示了出现不稳定性的条件。

1.2.1.6　透平叶片基本结构及原理

透平叶片是燃气轮机的又一主要部件，它的功能是将高温高压燃气中的能量

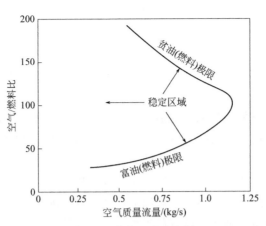

图 1-8　稳定回路示意图

转变为机械能,其中约 3/5～2/3 的能量用以带动空气压气机压缩空气,其余的能量则作为燃气轮机的输出功率以带动负载。

透平叶片分成向心式、轴流式等。由于向心式结构复杂,而且单级功率有限又难以串接多级,所以实际使用的机组主要采用轴流式燃气涡轮发动机。其特点是功率大、流量大、效率高。向心式透平是一种径流透平,主要在一些小功率燃气轮机中应用。相对于压气机来说,透平的一个显著不同是工作气体温度高。目前,工业用燃气透平机透平进口燃气温度为 900～1100℃,而航机还要高,最高已在 1400℃以上。另一个不同是透平级中能量转换大,如部分透平焓降高达 75kcal/kg (1kcal=4186.8J),因而透平级的气动负荷大,整个透平的级数少。一些小功率燃气轮机的透平只有一级,而大多数燃气轮机的透平则为 2～4 级,多的达 5～7 级,我们所使用的为 4 级透平。多数透平的通流部分,通常用的是等内径或等平均直径流道,或与该两者相近的流道,等外径的则应用较少。

与压气机相类似,气流在透平中流动的通道也是由静叶片和动叶片交替排列而成的。虽然压气机和透平都是由动、静叶片组成,但二者本质上是不同的,压气机的动、静叶片组成一个沿轴向逐渐收缩的通道,使空气由外界吸入后逐级被压缩,而透平的动、静叶片组成一个沿轴向逐渐扩张的通道,使高压、高温燃气在这个通道中逐级膨胀做功。由于透平的工作温度相比压气机的工作温度要高得多,所以透平的结构设计上在考虑冷却、热膨胀等问题上要做出特殊处理。一般来说,透平进口的几级静叶采用一定的冷却,尤其是与燃烧室出口相连的首级燃气涡轮静叶。一般都在结构设计上在压气机的某一级出口处引出部分压缩空气到燃气涡轮发动机作为冷却空气,用于冷却透平叶片、叶片轮盘等热部件。

(1) 透平静叶

透平静叶又称喷嘴,在航机中叫作导向叶片,它的作用是使高温燃气在其中膨胀加速,把燃气的内能转化为动能,然后推动转子旋转做功。

工作时，透平静子所处的条件是很恶劣的，最主要的是被高温燃气所包围，特别是第1级静叶，它所接触的是温度最高且温度差别最大的气体。在启动和停机时，它又是受到热冲击最为厉害的零部位。因此，要求静叶必须满足耐高温、耐热腐蚀、耐热冲击、耐热应力、具有足够的刚度和强度等要求。

耐高温和耐热冲击首先是靠材料的性能来保证。目前，工作温度在800℃以上的高温的静叶，国外广泛采用铸造钴基合金，它不仅有好的高温机械性能和好的抗热腐蚀性能，还有好的抗热疲劳性能，而且铸造工艺性能好。透平静叶广泛采用精铸叶片，在它的叶身两端整体铸有外缘板和内缘板，在它们上面还有安装边。内外缘板和安装边的作用是安装固定静叶，以及把燃气与安装它的零部件隔开。为减少叶身的热应力，对处于高温部件的静叶，通常采用空心铸造叶片。空心叶片的叶身材料显著减薄，厚度趋于均匀，使叶身的热应力降低，并且还提高了抗热冲击的能力。静叶由于工作温度高和温度场的不均匀，在叶片刚度不够时较易发生扭曲和弯曲变形，单片静叶的刚性较差，在运行时易发生故障，当采用叶片时，则静叶的刚性明显增强，从而可有效地避免故障。

目前，静叶的固定方式主要是直接固定方式，虽然这种方式结构简单，但却存在着重大缺陷，即透平气缸直接与燃气相接触，因而气缸工作温度高。随着燃气初温的不断提高，上述缺点越来越严重，因而被淘汰了。所以透平静叶的固定方式最常采用持环结构。持环又称隔板套，是专门安装固定静叶的零件，静叶安装在持环上，持环再固定在气缸上。

（2）透平动叶

透平动叶是把高温燃气的能量转变为转子机械功的关键部件之一，工作时，动叶不仅被高温燃气所包围，而且由于高速旋转而产生巨大的离心力，同时还承受着气流的气动力，以及较多作用力可能引起的振动等，当燃气温度沿周围不均匀时，将使动叶承受周期性的温度变化，这在第一级动叶中较明显。此外，动叶还要承受高温燃气引起的腐蚀和侵蚀，因而透平动叶的工作条件是很恶劣的，它是决定机组寿命的主要零件之一。

透平动叶是用耐热材料的锻造毛坯经过机加工得来。近来，由于铸冶铸造工艺的进展以及耐高温的镍基铸造合金的发展，透平现已大多数采用精铸动叶，用空气内部冷却的动叶。精铸叶片不仅比锻造挤压叶片的工艺简便，且能获得复杂的内部冷却空气流道的形状，增强冷却效果，因而优点甚为显著。通常，用无裕量精铸得到的叶片叶身只需抛光即可，叶根由于精度要求高还需经加工得到。动叶的基本结构为叶身扭转，顶部带冠，根部是带工字形长柄的枞树形叶根，在叶根两侧和叶冠上有气封齿。由于透平中能量转换大，即气流速度高且转弯折转大，故相对于压气机叶型来说，透平叶型厚且折转角大，就透平自身的叶型来说，由于级中反动度的不同，分为冲动级和反动级，冲动级的焓降要比反动级的大，故冲动级的叶片更为厚实，折转角更大。透平动叶的叶冠全部拼合起来就会在叶顶处形成一个环带,将燃气限制在叶片流道内流动,有利于提高透平的效率,还可以对透平振动起阻尼作用。

(3) 透平冷却系统

从燃气轮机的工作原理知,燃气初温对机组效率有很大影响,燃气初温高时效率高。故人们总希望用高的燃气初温。目前,人们从两个方面努力来不断提高燃气初温:一方面是不断研制新的耐高温的合金材料;另一方面是采用冷却叶片并不断地提高其冷却效果。

冷却叶片的方法有两类:一类是以冷却空气吹向叶片外表进行冷却;另一类是把冷却空气通入叶片内部的专门流道进行冷却。前面的叶根间隙吹风冷却就是外表冷却,它对叶根的冷却很有效,而叶身则是通过叶片本身的热传导把热量传至叶根而被冷却,故只有在靠近叶根处的叶身能得到一定冷却,其余部分叶身的冷却效果很差。这种冷却一般可使叶身的根部截面温度比该处的燃气温度低 50~100℃左右。

把空气引入叶片内部的冷却方式,则能使叶片沿整个叶高都得到冷却,且可获得降温 100℃以上乃至数百摄氏度的冷却效果。因而叶片内部冷却能有效地提高燃气初温。

图 1-9 为 GE 公司 MS9001 燃气轮机透平冷却系统图,该机组的燃气初温在基本负荷时为 1004℃,尖峰负荷时可达 1065℃,其一级静叶和动叶为冷却叶片。该透平上装有一个持环和三列分段护环,第一级静叶装在持环上,另两级静叶则

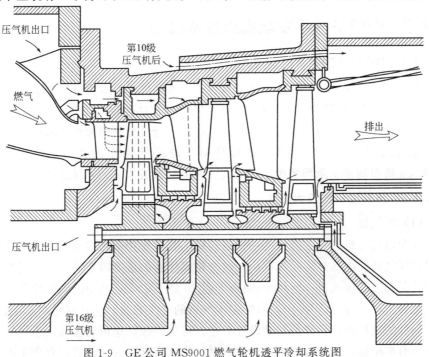

图 1-9　GE 公司 MS9001 燃气轮机透平冷却系统图

装在护环上，气缸与燃气完全隔绝。转子是外围拉杆结构，在三级轮盘之间的两个小轮盘外缘加工有气封槽，其一端侧面加工有多条均布槽道以通过冷却空气。各级动叶均用工字形截面的长柄枞树形叶根。

该机组的压气机共十七级，按照透平冷却部位所需压力的高低，冷却空气自压气机的不同处引来，气缸及静叶的分两股，转子的分三股。静子冷却的第一股空气自压气机出口，经燃烧室的燃气导管周围空腔引来。其中一部分流入持环，再流入一级静叶内部冷却后，自静叶出气边的小孔排至主燃气流中。另一部分经一级动叶的护环流入二级静叶顶部空腔，再经二级静叶内的孔道流至静叶内环，对一级轮盘出气侧和二级轮盘进气侧进行冷却。第二股冷却空气自压气机第十级后引来，通过气缸上均布的一圈孔道对气缸进行冷却。

转子的冷却空气，分别引至其进气侧、转子内部、排气侧。进气侧处空气自压气机出口引来，用轴向间隙中的气封来控制其流量。出气侧面引来的是一股低压冷却空气。转子内部的冷却空气自压气机第十六级后引来，经转子上的孔流入转子中间，大部分经第一个小轮盘的流道流至一级动叶根部，进入动叶内部冷却后自叶顶排至主燃气流中。另一部分经第二个小轮盘的流道去冷却二级轮盘的出气侧及三级轮盘的进气侧。

从上述看出，该透平的气缸不仅与燃气隔绝，且得到了良好的冷却。静子的其他部件，如持环和前两列护环也得到了冷却。而转子，由于各级轮盘的所有表面全部被冷却空气所包围，与燃气隔绝，也得到了良好的冷却。

1.2.2　西门子透平发电机组基本结构

1.2.2.1　燃气轮机的基本结构

燃气轮机主要由压气机、燃烧室和透平三大部件及五大支持系统组成。透平与压气机、负载的不同连接方式，使得燃气轮机在结构设计上分成单轴、分轴、套轴、三轴等轴系结构。燃气轮机在发展过程中分轻型结构和重型结构，轻型结构又分航改型和工业型结构，涠州终端处理厂所使用的四台S&S公司的Typhoon机型属于工业型机组，现将其三大部件及五大支持系统介绍如下：

1.2.2.2　燃气轮机的三大部件

（1）压气机

作为燃气轮机的三大部件之一的压气机，其主要功用是提高工质（气体）的压力。压气机性能的好坏是影响整个燃气轮机性能的重要因素之一。压气机的主要型式是轴流式压气机，它由10级静子和10转子组成，其中前面四级静子，设计为可转式（又称可转导叶），以匹配压气机的气流容量，防止喘振和易于启动。可转导叶的级数由压气机的气动设计而定，可为一级，也可为多级。压气机的出口安装有扩压器，压缩空气到达扩压器时，流速降低，压力升高，有利于进入燃烧室燃烧。机组运行一段时间后，压气机的叶片会受到空气中的尘土和油雾的污染，性能下降，因此要根据机组状态对压气机进行清洗。

(2) 燃烧室

压气机出口的部分高压气经扩压器后进入燃烧室。燃烧室是燃料和空气在内连续不断地混合、雾化、燃烧，把化学能转换为热能的一个装置，它由外壳、火焰管、旋流器、燃料喷嘴等组成。按其结构型式的不同可分为环型、分管型、环管型、管头环型、双环腔型等。Typhoon 机组采用的分管型燃烧室，在燃烧室的环型腔中均匀地布置着六个火焰管，每个火焰管上安装有双燃料（燃油/燃气）喷嘴等。其中有一个火焰管上装有可伸缩式点火器，点火时，此火焰管首先被点着，然后由联焰管将火焰传递到其他火焰管，当点火成功后，点火器在火焰管内气压的作用下缩回，防止高温火焰的烧蚀，延长使用寿命。

(3) 透平

燃气轮机中的透平分成向心式、轴流式等。由于向心式结构复杂，而且单级功率有限又难以串接多级，所以实际使用时主要采用轴流式透平。与压气机类似，气流在透平中流动的通道也是由静叶片和动叶片交替排列而成的。虽然压气机和透平都是由动、静叶片组成，但二者本质上是不同的，压气机的动、静叶片组成一个沿轴向逐渐收缩的通道，使空气由外界吸入后逐级被压缩，而透平动、静叶片组成一个沿轴向逐渐扩张的通道，使高压、高温燃气在这个通道中逐级膨胀做功。由于透平的工作温度比压气机的工作温度要高得多，所以透平的结构设计上在考虑冷却、热膨胀等问题上要作出特殊处理。一般来说，透平进口的几级静叶采用一定的冷却，尤其是与燃烧室出口相连的首级透平静叶。一般都在结构设计上将压气机端某一组的出口引部分压缩空气到透平端冷却气，以冷却透平叶片、轮盘等部件。

1.2.2.3 燃气轮机的五大支持系统

燃气轮机正常运行必须有五大支持系统：空气系统、启动系统、润滑系统、燃料系统、控制系统。下面针对 S&S 公司 Typhoon 机组分别简述如下：

(1) 空气系统

① 作用　为燃气轮机运行提供清洁的冷却、燃烧所需的空气。

② 组成　空气进口过滤器、差压显示仪表、差压报警开关、差压关停开关、消音器、压气机等部件。

③ 系统描述　空气进入安装在发电机上的空气进口过滤器进行一级和二级过滤，得到的清洁的空气经消音器进入压气机进口。空气被压气机压缩，1/4 的压缩空气用于燃烧，3/4 的压缩空气用于冷却。空气进口过滤器上装有一个差压显示仪表用于监测过滤器的清洁程度，并设有一个报警开关和一个关停开关，如差压显示仪表值接近报警值或报警开关动作值，应及时更换空气进口过滤器。燃

烧后的热的废气由烟筒排出。

（2）启动系统

① 作用　用经启动马达压缩的高压润滑油使液压泵旋转，从而带动透平轴转动。

② 组成　吸入口过滤器、液压泵组（补充泵、液压泵、补充泵过滤器）、液压马达、低压回流过滤器、公用油箱等部件。

③ 系统描述　当系统接收到启动信号时，交流启动电机带动液压泵组工作，通过电磁阀改变斜盘倾斜的角度来控制进入液压泵的流量，从而控制透平轴的不同转速。液压马达通过齿轮箱带动压气机-透平轴旋转。当透平轴转速达到10000r/min时，启动泵与齿轮箱脱离。补充泵用于补充循环管线的液压油损耗。

（3）润滑系统

① 作用　主要对燃气轮机、发电机各个轴承进行润滑、冷却，同时为可转导叶提供液压伺服油。

② 组成　公用油箱、交流预/后润滑油泵、直流应急润滑油泵、主润滑油泵、空冷器、温控阀、润滑油双联滤器、润滑油缸的空气/油分离器。

③ 系统描述　当燃气轮机正常运行时，润滑油经主润滑泵，油温由温控阀来控制，如果大于49℃润滑油全部经空冷器，再经一个双联过滤器进行过滤，最后分别冷却和润滑发电机驱动端和励磁端轴承、齿轮箱、压气机轴承、透平轴承。交流预/后润滑油泵在机组启动期间进行预润滑，正常停车和故障停车时进行后置润滑。直流应急润滑油泵，只有当交流预/后润滑油泵出故障时对透平端轴承进行润滑和冷却。

（4）燃料系统

① 作用　控制燃气轮机所需的燃料，或切断燃料关停燃气轮机。

② 组成

a. 燃气系统　一次关断阀 FSV-7248、二次关断阀 FSV-7204、放空阀 SOV-7208、燃气控制阀。

b. 燃油系统　双联柴油过滤器、燃油泵、燃油控制阀、燃油三通关断阀、三个清扫阀。

③ 系统描述

a. 燃气系统　已经处理合格的天然气进入燃气轮机天然气进口，经一次关断阀和二阀关断阀，由 FDAE 来控制燃气控制阀调节进气量，分别进到六个燃气喷嘴。当机组关停时先后关断二次关断阀和一次关断阀，由放空阀将一次关断阀和二次关断阀之间的天然气排空。

b. 燃油系统　日用柴油经增压泵加压后送到机撬边，经双联过滤器到燃油泵；由 FDAE 控制燃油阀进油量，经三通关断阀 FCV-72188 分别到辅助管汇和主管汇。

当机组关停时,将三通关断阀 FCV-72188 切断至燃油主回路,同时 SOV-72191 动作,仪表风进入主、辅管汇,先进行正向清扫,然后 FCV-72193 和 FCV-72192 燃油清扫阀打开,进行逆向清扫,将残留的燃油清扫到废油池。

(5)控制系统

机组的控制盘有透平控制盘(TCP)和发电机控制盘(GCP)两部分。TCP 上由显示终端、AB 公司的 PLC 控制系统、振动监测系统和透平机橇消防系统,分别控制透平发电机组的启停时序、运转时的各种温度、压力、振动等参数和状态监控以及在透平发生火灾时关停机组、灭火等。GCP 上有各种电气仪表和开关,可监控和调节发电机的电压、电流、有功、无功及功率因数等参数以及机组的并车、断开等。

1.2.3 乌克兰透平发电机组基本结构

1.2.3.1 燃气轮机的基本结构

燃气轮机主要由压气机、燃烧室和透平三大部件及五大支持系统组成。透平与压气机、负载的不同连接方式,使得燃气轮机在结构设计上分成单轴、分轴、套轴、三轴等轴系结构。燃气轮机在发展过程中分轻型结构和重型结构,轻型结构又分航改型和工业型结构,涠洲终端所使用的两台中国船舶重工集团公司第七〇三研究所研制的 UGT6000 机型属于工业型机组,现将其三大部件及五大支持系统介绍如下:

1.2.3.2 燃气轮机的三大部件

(1)压气机

作为燃气轮机的三大部件之一的压气机,其主要功用是提高工质(气体)的压力。压气机性能的好坏是影响整个燃气轮机性能的重要因素之一。

低压压气机用于压缩空气并将压缩空气供给高压压气机。低压压气机为轴流式,8 级,由以下装配单元组成:外流罩、内流罩、转接件、承载锥体、前机匣、低压压气机机匣、安装在前支撑和后支撑的低压压气机转子。

高压压气机用于压缩从低压压气机排出的空气并供给燃烧室。高压压气机 8 级,由以下装配单元组成:过渡段、中央传动装置、高压压气机机匣、高压涡轮转子、扩压器。过渡段用于保证向高压压气机平稳供气,以及用于在其上安装带有滑动止推轴承的低压压气机转子后支撑和高压压气机转子前支撑。过渡段由外壁和内壁组成,内外壁连接低压压气机出口处导向器叶片组和高压压气机导向器叶片组。

(2)燃烧室

压气机出口的部分高压气经扩压器后进入燃烧室。燃烧室是燃料和空气在内连续不断地混合、雾化、燃烧，把燃料的化学能转换为热能的一个装置，它由外壳、火焰管、旋流器、燃料喷嘴等组成。按其结构型式的不同可分为环型、分管型、环管型、管头环型、双环腔型等。UGT6000 机组采用的环管型燃烧室，在由燃烧室外壳和外壳形成的环形内腔中，平行于发动机轴布置 10 个火焰筒，火焰筒用联焰管相连。前面的部分，火焰筒安在喷嘴销上。用两个定位器使火焰筒保持在轴方向上，保证火焰筒端部相对于喷嘴罩的位置不变。后面的部分利用卡箍火焰筒延伸到高压涡轮喷嘴导向器环形空间，以补偿运行时产生的热膨胀。

点火器用于形成点燃燃烧室中的燃料空气混合物的初始火焰，由电源脉冲部件控制的等离子火花塞安装在点火器壳体中，在火花塞的端部持续周期性地放电，放电形成引燃启动燃油的等离子射流。在点火器中，通过喷嘴供给的燃油与空气混合，用等离子火花塞点火。点火器火焰跃入火焰筒中，点燃燃油空气混合物。当点火成功后，点火器在火焰管内气压的作用下缩回，防止高温火焰的烧蚀，延长使用寿命。

（3）透平

燃气轮机中的透平分成向心式、轴流式等。由于向心式结构复杂，而且单级功率有限又难以串接多级，所以实际使用时主要采用轴流式透平。与压气机类似，气流在透平中流动的通道也是由静叶片和动叶片交替排列而成的。

高压涡轮带动高压压气机转动。高压涡轮为轴流式，1 级，由高压涡轮喷嘴导向器、高压涡轮轴颈、轮盘组成。

低压涡轮为轴流式，单级，带动低压压气机转动。由低压涡轮喷嘴导向器、低压涡轮转子、低压涡轮支撑环组成。

动力涡轮为经过弹性联轴器输出功率的 3 级动力涡轮，由动力涡轮转子的 3 级喷嘴导向器、4 级喷嘴导向器、5 级喷嘴导向器、动力涡轮支撑环组成。

由于透平的工作温度比压气机的工作温度要高得多，所以透平的结构设计上在考虑冷却、热膨胀等问题上要作出特殊处理。一般来说，透平进口的几级静叶采用一定的冷却，尤其是与燃烧室出口相连的首级透平静叶。一般都在结构设计上将压气机端某一组的出口引部分压缩空气到透平端冷却气，以冷却透平叶片、轮盘等部件。

1.2.3.3 燃气轮机的五大支持系统

燃气轮机正常运行必须有五大支持系统：空气系统、启动系统、润滑系统、燃料系统、控制系统。下面针对中国船舶重工集团公司第七〇三研究所研制的 UGT6000 机型分别简述如下：

（1）空气系统

① 作用　为燃气轮机运行提供清洁的冷却、燃烧所需的空气。

② 组成　空气进口过滤器、差压显示仪表、差压报警开关、差压关停开关、

消音器、压气机等部件。

③ 系统描述　空气进入安装在发电机上的空气进口过滤器进行一级和二级过滤，得到的清洁的空气经消音器进入压气机进口。空气被压气机压缩，1/4 的压缩空气用于燃烧，3/4 的压缩空气用于冷却。空气进口过滤器上装有一个差压显示仪表用于监测过滤器的清洁程度，并设有一个报警开关和一个关停开关，如差压显示仪表接近报警值或报警开关动作，应及时更换空气进口过滤器。燃烧后的热的废气由烟筒排出。

（2）启动系统

① 作用　用经启动马达压缩的高压润滑油使液压泵旋转，从而带动透平轴转动。

② 组成　吸入口过滤器、液压泵组（补充泵、液压泵、补充泵过滤器）、液压马达、低压回流过滤器、公用油箱等部件。

③ 系统描述　当系统接收到启动信号时，交流启动电机带动液压泵组工作，通过电磁阀改变斜盘倾斜的角度来控制进入液压泵的流量，从而控制透平轴的不同转速。液压马达通过齿轮箱带动压气机-透平轴旋转。当透平轴转速达到 10000r/min 时，启动泵与齿轮箱脱离。补充泵用于补充循环管线的液压油损耗。

（3）润滑系统

① 作用　在各运行工况下对发动机轴承、减速器的齿轮啮合和轴承进行润滑和冷却。

② 组成　循环油箱、加热器、油表、热电阻、差压传感器、电动滑油供油附件、电动滑油附件、发动机细油滤、进口油滤、静态油气分离器。滑油空气冷却组件包括：发动机滑油冷却器、主冷却器和备用冷却器，减速器滑油冷却器、主冷却器、备用冷却器，调节器，止回阀，关闭阀。

③ 发动机润滑系统工作原理　滑油被发动机下传动箱带动的滑油附件供油组从循环油箱中抽出，送到滑油冷却器，然后经过细油滤、油滤进入发动机和传动箱，用于润滑和冷却轴承组件、齿啮合部位和其他摩擦零件。两个滑油冷却器中的一个冷却器处于工作状态，而另一个冷却器则通过关闭阀与工作系统断开，处于备用状态。

④ 减速器润滑系统工作原理　滑油被电动滑油附件或者电动滑油供油附件从循环油箱中抽出，经过滑油冷却器、细油滤进入减速器，用于润滑和冷却齿啮合部位、轴承组件和其他摩擦零件。两个滑油冷却器中的一个冷却器处于工作状态，而另一个冷却器则通过关闭阀与工作系统断开，处于备用状态。

（4）燃料系统

① 作用　燃料系统用于实现自动启动程序，向燃气轮机定量供给燃料气，按照自动控制系统的信号对所供燃料气进行分配，以及按照操作员指令或者保护信号停止供气。

② 组成　燃料系统由滤器、停车开关、燃料阀、控制组件、压力传感器、压力开关、止回阀组成。

③ 系统描述

a. 燃料气经过前置燃料系统的处理后，进入滤器进一步处理。

b. 按照启动逻辑接通点火系统，并向启动燃料气电磁阀供电。燃料气通过燃料气启动模块的节流组件，进入点火器并进行点火。向停车开关开启电磁阀和停车电磁阀供电，此时停车开关打开。当停车开关打开后，电磁阀断电（按照停车开关"打开"相应位置的微动开关信号），而电磁阀切换至低电压。电磁阀在燃气轮机工作期间均保持该电压。根据自动控制系统的指令，燃料阀打开到一定程度。

c. 燃料阀开启到一定位置后，燃料气猛然送入燃烧室，并由点火器进行点火。

d. 等离子点火系统和启动燃料气电磁阀断开。

e. 燃料气通过燃料阀进行调整。燃料阀前后的燃料气压力值由压力传感器测量。

f. 如果喷嘴上燃料气压力和高压压气机后空气压力之间的压差在燃料阀打开的瞬间超过允许值，或者是在停车开关打开后在所要求的时间间隔内燃烧室燃料气未点火，自动控制系统形成燃气轮机故障停机信号。

g. 自动控制系统通过对燃料阀的控制来实现启动过程中的温度限制。当热保护系统动作时，燃气轮机通过关闭燃料阀和停车开关保证故障停机。

h. 燃气轮机在慢车工况预热以后，从慢车进入运行工况。按照自动控制系统设定的程序，由自动控制系统调节器对燃料阀进行控制，发动机进入运行工况。

i. 通过对控制组件停车电磁阀断电的方式实现燃气轮机的正常停机和故障停机。

(5) 控制系统

机组的控制盘有透平控制盘（TCP）和发电机控制盘（GCP）两部分。TCP上由显示终端、AB公司的PLC控制系统、振动监测系统和透平机橇消防系统，分别控制透平发电机组的启停时序，运转时的各种温度、压力、振动等参数和状态监控以及在透平发生火灾时关停机组、灭火等。GCP上有各种电气仪表和开关，可监控和调节发电机的电压、电流、有功、无功及功率因数等参数以及机组的并车、断开等。

1.3　涠洲油田群电网

1.3.1　项目背景

涠西南油区油气资源丰富，勘探开发前景广阔，但同时面临着陆相沉积和断块发育等复杂的地质条件，油田规模小、品级低、分布零散，单独开发经济效益差。近几年来，新发现的多为低渗、低品位储量，在当前的技术经济条件下无法动用，为此，区域开发被提到议事日程。

涠西南油区是湛江分公司规划中的重要产油基地。根据涠西南区域规划，湛江分公司拟在此油区建设规模达420万立方米原油产量的产油基地。涠西南油区将来投入开发的大多数为中小油气田，这些油气田只有依托现有生产设施，采用区域开发的理念和做法才能大幅度降低成本，提高经济效益。然而，涠西南区域开发面临着以下四个突出问题：

（1）区域内节能减排状况恶劣

区域内原来的生产生活设施没有进行统筹规划，造成了大量浪费，如区域内的供电形式采取每一个中心平台建一个电站给中心平台和各井口平台供电的方式，为了确保各个平台的安全供电，单个电站电网在运行过程中不得不保留足够的热备用量，导致满足整个涠西南油田群油气生产发电机的开机台数较多，造成资源浪费。

（2）中小油田无法得到有效的开发

由于涠西南近年来发现的多为中小边际油田，按照传统的开发模式，单个油田开发单独考虑节能减排措施成本高，造成了很多中小油气田无法经济开发。据统计，目前涠西南向国家申报的探明储量已达20505万立方米，未动用的为8909万立方米，至今能够经济开发的仅占57%，节能减排已成为中小油气田无法经济有效动用的重要瓶颈之一。

（3）安全生产受到严重影响

由于区域内原来的设施都是为单个油田独立配备的，尽管存在一定的备用余量，但毕竟很小，其抗风险能力不强。如在区域内单个电站的形式下，启动注水泵等大型设备，常常会导致平台电站关停，从而导致油田生产的关停，严重影响区域内的安全生产。

（4）操作成本节节攀高

随着涠西南油田区域内设备的逐渐老化、新建油田数量的增多，油田的操作运行成本越来越高。如区域内电站的增多和零散分布，如果不进行统筹规划、区域开发，不仅耗能大，而且运行管理成本将大幅增加。

1.3.2 关键技术及创新点

涠西南油田群电力组网是中海油首个成功实现海上分布式电站联网的供电技术，经过长时间的技术攻关和现场实践，共获得5项国家发明专利、4项国家实用新型专利和9项关键技术。5项国家发明专利包括海上电网的能量管理系统、海上石油平台电力组网用的海底电缆、一种动态无功补偿器的控制系统及其控制方法、海上油田群电网的功率优化控制方法、海上石油平台电网智能控制方法。

4项国家实用新型专利包括海上石油平台电力组网系统、海上平台电网的快速动态无功自动补偿装置、海上平台电网的快速限流熔断器、用于在海洋平台电网中滤除谐波电流的系统。9项关键技术包括：首次在海底电缆设计中使用钢丝绞钢管技术确保光纤完好，为电力组网提供安全的通信"通道"；国内首次海上平台电网应用涌流抑制器技术，解决了励磁涌流对电网的冲击影响；国内首次海上应用电网快速动态无功装置（SVG），解决了区域无功治理；在线谐波治理技术的应用，解决了区域谐波对电网的影响；国内首次海上应用智能 MCC 控制技术，提高了 MCC 智能化水平；选用 35kV 充气式开关柜，大量节省空间；国内首次海上应用快速限流熔断技术，保障电网的特殊运行条件；首创能量管理系统（EMS）对海上平台电网运行进行监测和控制；通过调研及调试总结，建立了一套适合海上油田的电网调度及操作管理系统。

1.3.2.1　国内首创"能量管理系统（EMS）"保障海上电网安全运行

（1）背景

陆上电网由 SCADA/EMS 系统完成电网频率及联络线功率交换的控制，由在线安全稳定控制系统完成故障情况下电网的稳定控制，由电站综合自动化系统提升电站自动化水平以减少运行人员配置。这些系统对于油田群孤立小电网显得庞大而复杂，不仅投资大，还需配备大量的运行维护人员。针对海上石油平台电网与陆上电网的不同，特别是石油平台生产的特殊性，海上油田群电网必须比陆上电网自动化程度要求更高、实时性更强、功能更高度集成、通道速率更高，信息传输实时性为毫秒级。为此，本设计创造性地提出能量管理系统（EMS）解决方案，很好地满足了油田群电网安全稳定控制的需要。

（2）创新型的能量管理系统（EMS）设计

本设计创造性提出了适合海上电网的能量管理系统（EMS）独特的网络结构，形成了独特的能量管理系统（EMS）通道组织，设计了能量管理系统（EMS）完善的控制策略，实现了海上电网监控、运行、安稳和控制的功能。其主要创新点如下：

① 独特的通信网络结构设计　EMS 通信网络包括信息层、站控层和间隔层，采用多种创新手段保证电网通信的安全性和实时性，图 1-10 为电网 EMS 网络架构示意图。

② 独特的创新设计保证数据通信安全性

a. EMS 的信息层、控制层分别采用光纤双网结构，每层采用 4 个 100Mbit/s 光纤通道，光纤芯由各平台之间的海底光纤复合电缆提供。

b. 硬件设施实现双冗余设计，包括数据交换机、PLC 处理器和服务器。

c. 软件冗余，包括服务器软件冗余。

③ 电网负荷在线控制和调节　电网在线控制包括负荷预测、电网自动平衡

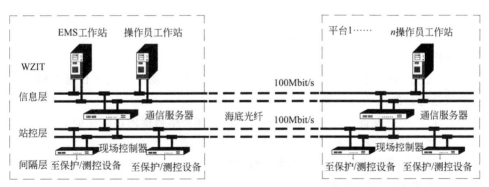

图 1-10 电网 EMS 网络架构示意图

和发电机组运行控制。其核心控制目标包括：维持系统频率在 (50±0.2)Hz 范围内；维持系统的时钟误差，保证调节实时性和准确性；维持各平台的海底电缆的净交换功率；按照潮流安全控制要求调整机组出力，满足电网自动平衡。

电网的有功自动调节可以实现：等比率模式调节，实现大机组多带负载，小机组少带负载，优化机组带载。调度模式调节，人为给定机组固定带载数值。单平台模式调节，适用于某个电站脱离电网单独运行工况下的调节。

电网的无功自动调节可以实现：等比率模式调节，实现大机组多带负载，小机组少带负载，优化机组带载。调度模式调节，人为给定机组固定带载数值。单平台模式调节，适用于某个电站脱离电网单独运行工况下的调节。SVG 调节模式，基于 W111 发电机组功率因数控制 SVG 输出无功数值。

（3）运行效果及应用

新型能量管理系统（EMS）的实施，大大提高了涠西南油田群电力系统的安全可靠性，电网运行近七年来，已经成功避免了 32 次由于发电机组关停而造成整个油田关停的停产事故。项目的创新技术成果已经成功推广应用到所有海上石油平台电力组网项目，如绥中 36-1 电力联网项目、锦州 25-1 电力联网项目等。

1.3.2.2 国内首创"海上电网智能控制中心"保障海上电网安全运行

（1）背景

由于海上石油平台联网电力系统分布辽阔、对象众多、信息量巨大、控制目标众多等特点，利用人工处理电力系统运行中出现的问题达到最优控制的目的已不太现实。海上电网智能控制中心采用先进的计算机技术、通信技术和控制技术，通过全局分析电力系统的运行状态，实行实时全局最优控制，可以实现电力系统安全、可靠、优质、经济运行的最终目标。为实现电力系统运行的最终目标，控制中心需对系统进行建模、拓扑分析、状态估计、潮流计算、最优潮流等一系列分析计算，实现基于准稳态数据的"监测-预警-优化-控制"一体化智能监控中心功能，包括以下几方面：

① 将 EMS 测量与系统模型相结合，采用在线状态估计，提升电网潮流监视的精确性。

② 实现对电网整体运行性能（网损、无功分区平衡性、电压和频率相关的电能质量等）的评估与分析。

③ 提供关键设备（机组、海缆）和电网整体功率裕度的预警功能。

④ 优化潮流分析，提供在线优化运行方式建议。

⑤ 优化机组功率控制，提供发电调度策略。

⑥ 优化无功-电压控制。

⑦ 集成包括机组功率调度和电压-无功调节的功率协调控制，实现电网的自趋优运行，降低网损和排放，提高电网安全稳定性和运行效率。

⑧ 研究基于准稳态功率平衡的紧急控制（优先脱扣）在线预决策方法，提高策略适应性和系统安全性，降低控制保守度。

⑨ 配合 STATCOM 的装置级多目标控制策略和系统级协调控制策略的设计与分析。

（2）"海上电网智能控制中心"主要创新点

本设计创造性地提出了适合海上电网智能控制的独特设计思路，设计了完善的控制策略，实现了海上电网智能控制的目标和功能。其主要创新点如下：

① 性能指标在线分析、监测与预警功能　从安全性和经济性的角度，根据能量管理系统 EMS 实测或在线状态估计结果，对电网运行性能进行定量指标化监测、分析与预警。其具体实施方案如下：

a. 研究海上油田群电网运行的准稳态性能指标体系，其中安全性指标包括无功功率分区平衡度、电压偏差度、热备用裕度、冷备用裕度、各机组有功/无功功率裕度、海缆热稳定裕度、电网机组间最大相角差；经济性指标包括电网损耗、燃料消耗等。

b. 研究各性能指标的计算方法。

c. 各性能指标算法的分析与验证。

d. 设计各性能指标的门槛值。

e. 各性能指标的在线监测与呈现方法。

f. 各性能指标的预警分析。

② 海上油田群电网的潮流优化分析和控制功能　潮流优化的目标主要包括经济型指标和运行质量类指标，具体包括发电燃料费用（发电成本）、系统有功网损、电压残差指标。这三个指标不同的线性组合可以得到不同的优化目标，系统的优化结果也将有所差别。用户可以设置三个指标的权重，经过设计好的软件程序计算出需要达到这个效果的电网运行情况，指导运行人员对电网进行调整。

针对涠西南油田群的实际需求，对电网进行了潮流优化分析。具体包括以下几方面：

　　a. 将系统的有功网损、发电燃料费用、系统电压残差作为可选的优化目标。

　　b. 系统中的可控量包括发电机的出力、变压器变比、电抗器、SVG 无功功率等。

　　c. 潮流优化的数学模型是典型的多约束非线性优化模型，采用原-对偶内点法作为求解算法。

　　d. 针对可控变量中的离散变量，先将其视为连续变量，然后采用分步规整法，按照一定的顺序分别对各变量进行就近规整，仿真结果表明，该方法可以有效处理离散变量。

　　e. 在 IntelliJ IDEA 平台上进行潮流优化程序的编写，同时采用 IPOPT 的程序包进行原-对偶内点法的求解。

　　f. 为增加程序的灵活性，加入用户控制信息，将程序中的部分变量（如发电机的最大最小出力、变压器变比最大最小值、电抗器是否可调等）作为用户可调信息。

　　③ 涠西南油田群电网的研究态功能　　所谓研究态是指在系统当前运行方式下，根据运行操作人员的假想操作，计算分析执行该假想操作后系统的运行状态，并对该状态（操作后的系统状态）进行评估，同时给出与此操作相关的指导建议。由于此分析以运行操作人员的假想操作为背景，通过电力系统数学模型对其进行模拟，分析电力系统下一个时间断面的运行情况，而并非真正实时的电力系统运行状态，因此称为研究态。结合电网实际情况从以下三个方面对研究态做相关分析：

　　a. 特定大型电动机启动分析　　电网的小容量与单台电动机的大容量是海上油田群电网的突出矛盾。海上石油平台上的负荷相对固定，而且每条母线上所连的电动机负载也是确定的。同时，有时操作人员更关心系统是否允许某台特定的电动机启动。因此研究系统是否允许某台特定的电动机在特定地点启动，为操作人员提供明确的指导信息（即该电动机是否允许启动：如允许启动，则提示允许；如不允许启动，则说明原因），可以更好地指导运行人员进行操作。

　　b. 启停机组或调整负荷后系统的潮流分布　　在启停机组或负荷后，系统将出现功率缺额，发电机的出力也将发生较大的变化。在传统潮流计算中该部分功率缺额全部由 V/θ 节点（平衡节点或松弛节点）提供。但实际情况却是一部分功率缺额由负荷的频率特性来承担，而大部分功率缺额将由发电机的调速系统的动作来平衡。因此正确地反映系统启停机组或负荷后系统的潮流分布，可以全面提高运行人员对系统认识的准确性。

　　c. 最优潮流在研究态下的单步/多步实施校验　　最优潮流分析功能可以保证涠西南油田群电网的安全、可靠、经济、优质运行，但最优潮流给出的是系统所要执行的所有控制信息，并没有时序之分。在具体操作中如何一步一步地实施，需要运行人员根据经验完成。这不仅加重了运行人员的工作负担，同时也为电网的安全运行埋下了隐患。因此，在研究态中单步/多步地仿真最优潮流的控制，不仅可以极大地改善运行人员的工作环境，同时也会提高系统运行的安全性。系统运行人员根据最优潮流的控制信息，输入将要对系统实施的单步/多步操作，计算分析生成操作后系统的运行状态，并校验该状态是否能够满足运行要求，给出相关信息指导运行人员进行操作。

④ 海上油田群电网的紧急控制策略研究　海上油田群电网发生事故扰动后通过相应的减负荷措施即可使系统恢复稳定。由于燃气轮机组的快速调节特性，当系统负荷发生变化后，机组可以迅速调节出力，以满足发电与负荷的平衡。因此对于目前海上油田群电网的紧急控制系统可以不单独考虑暂态、电压等动态稳定性，而将这些动态影响在一定程度上包括在稳定裕度中，主要考虑发生故障后系统的负荷与发电功率的平衡，对应的紧急控制系统的主要措施是切负荷，又称为优先脱扣。因此，海上油田群电网紧急控制策略的核心可以转化为包括潮流约束在内的多约束切负荷策略优化问题。

紧急控制的过程可以分为三部分：参数收集、策略表生成、执行控制。整体来说紧急控制的过程如下所示：

a. 参数收集　参数收集即收集电网当前的运行参数，确定当前的运行方式、接线方式等，确定系统的整体结构。这是在线预决策的第一步，也是保证策略表正确的前提。参数收集是一个周期性的工作，在电网运行方式不发生突变的假设前提下，每隔一段时间（如 5min）进行参数收集，更新数据。

b. 策略表生成　策略表的生成是紧急控制的核心内容，即在收集到所需的数据后，首先分析出系统可能存在的故障类型，即 N-1、N-2 或多机切机以及不同的系统解列故障，然后对不同类型的故障进行扫描计算，寻找到对应的最优策略，生成当前运行参数对应的策略表。并判断收集的参数是否有刷新，当检测到数据刷新的信号后，重新生成策略表。

c. 执行控制　执行控制是紧急控制的实现版块，对当前电网的事故扰动进行判断，然后根据当前电网的事故扰动类型，在策略表中搜索匹配的控制策略，指导系统的运行。执行控制是紧急控制有效实行的有力保证。

(3) 运行效果及应用

海上油田群电网"监测-预警-优化-控制"一体化智能控制中心是现有油田群电网信息系统的提升，目标是实现电网"监测-预警-优化-控制"功能的一体化、模型化、在线化和智能化，从而保证电网的安全稳定和经济高效运行。

1.3.2.3　创新型海底电缆设计和成功应用保障了电力组网的通信"通道"

(1) 背景

传统的复合型海缆设计通常为不锈钢套管内带光纤的方式，不锈钢套管由软填料固定在电缆与外钢丝铠装间三角形区域内,在海底电缆成缆过程中,运输、施工过程中极易损坏光纤,给后续的电力系统建设带来不小的麻烦,如 W12-1 油田 B 平台的海缆,在施工过程中将其 10 根光纤损坏 7 根,严重影响了 W12-1A 平台和 W12-1B 平台的生产管理系统和电力系统建设。本技术的海底电缆截面较大,为 $3 \times 185 mm^2$,电缆也长达 32.5km,整根电缆质量达到 1298t。同时,海缆敷设的涠洲海域为渔区,海缆敷设方式为挖沟 0.7m 进行敷设,这些都对光纤的保护提出更高的难度。而本技术中,光纤是整个电力组网项目的"神经",不仅电网安全控制系统需要它,而且将来涠西南油田区域内的采油自动化建设、数字化油田的建设都必须依靠它,所以,海底电缆的光纤非常重要。为此,在原有海底电缆设计的基础上,本技术创新性地进行了海底电缆的设计以满足对光纤保护的要求。

(2)创新性的海底电缆设计

将 24 根光纤分两股对称分布在电缆的两侧,以使海缆在异常弯曲的情况下依然能够保护好其中一侧的那股光纤,复合海缆截面示意图如图 1-11 所示。

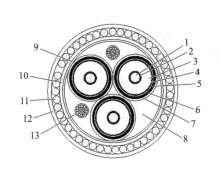

序号	材料名称	标称厚度/mm	标称外径/mm
1	铜导体+阻水带	—	16.2±0.1
2	导体半导电屏蔽	0.8	17.8
3	XLPE绝缘	10.5	38.8
4	绝缘半导电屏蔽	1.0	40.4±0.5
5	半导电阻水带	1×0.5×40	41.4±0.5
6	合金铅套	2.2	45.8±0.5
7	防腐层+PE护套	0.3+2.6	51.6±1.5
8	填充条·成缆外径	—	111.1
9	涂胶布带	2×0.2×70	112.3±1.5
10	PP绳+沥青·内衬层	2.0	115.3±2.0
11	钢丝铠装	$\phi 6.0 \times 61$	127.3±2.5
12	PP绳+沥青·外被层+包带	4.5	136.4±3.0
13	不锈钢管海光缆单元	2组×12芯海光缆 外径ϕ12.5	

图 1-11 复合海缆截面示意图

在光纤的不锈钢松套管外面,创造性地设计了两圈方向相反铠装的磷化钢丝,大大加强了光纤不锈钢松套管的硬度和抗扭能力,光纤截面示意图如图 1-12 所示。

在以往的海底电缆设计中,电缆、光纤不锈钢松套管之间的填料通常为软填料,常常导致海底电缆成缆过程中,将软填料和光纤不锈钢松套管挤进电缆间的情况,导致光纤损坏。本技术国内首创光纤不锈钢松套管的"鸟巢"结构设计形式:将电缆、光纤不锈钢松套管之间的软填料设计成模式的硬填料,并根据不锈钢松套管的实际大小在硬填料中设计合适的"鸟巢",从而更好地保护光纤。

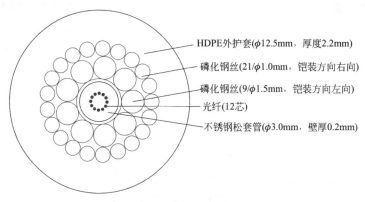

图 1-12　光纤截面示意图

（3）应用效果

海底电缆制造完成后，经过取样进行拉伸强度、弯曲等破坏性实验，电缆允许使用最大张力达 110kN；电缆允许最大侧压力达 3000N/m；电缆弯曲刚度达 0.15 kg/mm^2；允许最小弯曲半径：敷设中 2720mm，运行中 2040mm；张力弯曲后光纤残余衰减≤0.02dB，远远优于通常复合型海缆设计的 0.05dB。本技术施工完成后，经光纤检测测试，24 根光纤完好，光缆衰减量完全达标。

涠西南油田群电力组网项目的海底电缆设计中，国内首创海缆光纤结构形式设计，保障了电力组网的安全通信"通道"，在我国海上海底电缆的设计、加工、施工过程中，具有广泛的推广价值。

第 2 章
涠洲终端燃-蒸联合循环电站项目概述

2.1 燃-蒸联合循环电站概述

2.1.1 联合循环发电技术

联合循环发电系统是由燃气轮机发电和蒸汽轮机发电叠加组合起来的联合循环发电装置,与传统的蒸汽发电系统相比,具有发电效率高、成本低、效益好,符合调节范围宽,安全性能好、可靠性高,更加环保等一系列优势。联合循环发电技术由于做到了能量的梯级利用从而得到了更高的能源利用率,已以无可怀疑的优势在世界上快速发展。目前发达国家每年新增的联合循环发电设备总装机容量约占火电新增容量的 40%~50%,世界上所有生产发电设备的大公司至今(如美国的 GE 公司 1987 年开始)年生产的发电设备总容量中联合循环发电设备都占 50% 以上。

最高的联合循环电站效率(烧天然气)已达 55.4%,远远高于常规电站,一些国家(如日本等)已明确规定新建发电厂必须使用联合循环发电技术。

鞍钢 CCPP 发电机组是目前世界上功率最大、最先进的燃烧低热值高炉煤气的联合循环发电机组,也是国内第一台利用高炉煤气发电的联合机组。该机组以高炉产生的副产品——高炉煤气和焦炉煤气为燃料,在燃气-蒸汽联合循环发电机组中发电。这一具有国际先进水平的机组在鞍钢投入使用,可以使鞍钢高炉生产中产生的高炉煤气全部得到回收利用,既可减少高炉煤气的散放、降低能源损失、减轻大气环境污染,又能利用此装置较高的热点效率获得大量的电能。新发电机组每小时可燃烧高炉煤气 47 万立方米、焦炉煤气 4.2 万立方米,每小时发电量可达 30 万千瓦时,年发电量可达 23 亿千瓦时以上,比同等水平的热电厂每年可节约标准煤 70 万吨以上,每年利用高炉煤气约 33 亿立方米,可减少一氧化碳排放 10 亿立方米,减少温室气体二氧化碳排放约 190 万吨,在节能的同时还保护了环境。鞍钢 CCPP 发电机组的投入运行，使鞍钢电力自给率由原来的 48% 提高到 72%，不仅在很大程度上缓解了企业目前电力紧张的局面，还具有良好的经济效益和环境效益。

2.1.2 汽轮机国内外发展情况

汽轮机也称蒸汽透平发动机，是一种旋转式蒸汽动力装置，高温高压蒸汽穿过固定喷嘴成为加速的气流后喷射到叶片上，使装有叶片排的转子旋转，同时对外做功。汽轮机是现代火力发电厂的主要设备，也用于冶金工业、化学工业、舰船动力装置中。

公元 1 世纪，亚历山大的希罗记述的利用蒸汽反作用力而旋转的汽转球，又称为风神轮，是最早的反动式汽轮机的雏形。1629 年，意大利的 G. 德布兰卡提出由一股蒸汽冲击叶片而旋转的转轮。1882 年，瑞典的 C. G. P. 德拉瓦尔制成第一台 5 马力（3.67kW）的单级冲动式汽轮机。1884 年，英国的 C. A. 帕森斯制成第一台 10 马力（7.35kW）的单级反动式汽轮机。1910 年，瑞典的容克斯脱莱姆（Ljungstrrm）兄弟制成辐流的反动式汽轮机。

19 世纪末，瑞典的 C. G. P. 德拉瓦尔和英国的 C. A. 帕森斯分别创制了实用的汽轮机。C. G. P. 德拉瓦尔于 1882 年制成了第一台 5 马力（3.67kW）的单级冲动式汽轮机，并解决了有关的喷嘴设计和强度设计问题。单级冲动式汽轮机功率很小，已很少采用。

20 世纪初，法国的 A. 拉托和瑞士的 H. 佐莱分别制造了多级冲动式汽轮机。多级结构为增大汽轮机功率开拓了道路，已被广泛采用，机组功率不断增大。C. A. 帕森斯在 1884 年取得英国专利，制成了第一台 10 马力的单级反动式汽轮机，这台汽轮机的功率和效率在当时都占领先地位。

20 世纪初，美国的 C. G. 柯蒂斯制成多个速度级的汽轮机，每个速度级一般有两列动叶，在第一列动叶后在气缸上装有导向叶片，将气流导向第二列动叶。速度级的汽轮机只用于小型的汽轮机上，主要驱动泵、鼓风机等，也常用作中小型多级汽轮机的第一级。

世界上生产冲动式汽轮机的企业有美国通用公司（GE）、英国通用公司（GEC）、日本的东芝（TOSHIBA）和日立等。制造反动式汽轮机的有美国西屋公司（WH）、日本三菱、英国帕森斯公司、法国电器机械公司（CMR）、德国西门子公司（SIEMENS）等。

中国汽轮机发展起步比较晚。1955 年上海汽轮机厂制造出第一台 6MW 汽轮机。1964 年哈尔滨汽轮机厂第一台 100MW 机组在高井电厂投入运行；1972 年第一台 200MW 汽轮机在朝阳电厂投入运行；1974 年第一台 300MW 机组在望亭发电厂投入运行。20 世纪 70 年代进口了 10 台 200～320MW 机组，分别安装在了陡河、元宝山、大港、清河发电厂。70 年代末国产机组占到总容量的 70%。

1987 年采用引进技术生产的 300MW 机组在石横电厂投入运行；1989 年采用引进技术生产的 600MW 机组在平圩电厂投入运行；2000 年从俄罗斯引进的两台超临界 800MW 机组在绥中电厂投入运行。

上海汽轮机厂是中国第一家汽轮机厂，在 1995 年开始与美国西屋电气公司合作成立了 STC，1999 年德国西门子公司收购了西屋电气公司发电部，STC 相应股份转移给西门子公司。哈尔滨汽轮机厂 1956 年建厂，先后设计制造了中国第一台 25MW、50MW、100MW 和 200MW 汽轮机，80 年代从美国西屋公司引进了 300MW 和 600MW 亚临界汽轮机的全套设计和制造技术，于 1986 年成功制造了中国第一台 600MW 汽轮机，自主研制的三缸超临界 600MW 汽轮机已经投入生产。东方汽轮机厂 1965 年开始兴建，1971 年制造出第一台汽轮机，主力机型为 600MW 汽轮机。北京北重汽轮电机有限责任公司作为后起之秀，以 300MW 机组为主导产品，它是由始建于 1958 年的北京重型电机厂通过资产转型在 2000 年 10 月份成立的又一大动力厂，2 台 600MW 汽轮机也已经投入生产。中国四大动力厂以 600MW 和 1000MW 机组为主导产品。

2.2　涠洲终端余热电站项目背景

随着社会的不断发展，对资源的需求越来越大，不合理的资源利用以及污染物的肆意排放，给人类赖以生存的地球带来了诸多不利的影响，气候变暖、部分地区资源枯竭、环境污染等已成为无法回避的现实问题，节能减排和应对气候变化已经成为我国当前经济社会发展的一项重要而紧迫的任务，国家对此高度重视。

我国温室气体的主要来源为化石燃料二氧化碳的排放，"降低二氧化碳排放"的最主要途径就是"节能减排，使用可再生能源，发展循环经济"。目前我国能源的利用率仅为 36% 左右，而西方发达国家的能源利用率已经达到了 50%，甚至更高，造成我国能源利用效率低下的主要原因是粗放型的经济增长方式、能源结构不合理，另外一个非常重要的原因就是大量的各种类型的余热资源没有得到充分利用。

中海石油（中国）有限公司作为国家大型企业，在安全生产、大力发展、为国家多做贡献的同时，一直特别重视节能环保的工作，重视各种节能的方法、措施和新技术，并对各种节能的场合进行多方位的研究。

涠洲终端发电厂建设时安装有四台西门子公司生产的 Typhoon 73 型燃气轮机发电机组，为满足日益增长的电力负荷需求，"十二五"期间，扩建了两台 6MW UGT6000 型燃气轮机发电机组。这些燃气轮机均采用简单循环运行方式，天然气燃料的能量除 28% 左右用于发电外，其余大部分热能都通过燃气轮机烟气直接排入大气，不仅造成了环境的热污染，增加了二氧化碳的排放，更是一种能源的浪费。

因此，中海石油（中国）有限公司湛江分公司决定针对涠洲终端四台 Typhoon 73 型燃气轮机发电机组和两台 UGT6000 型燃气轮机发电机组烟气余热利用的可行性进行相关的技术研究。

2.3 项目建设必要性分析

（1）可持续发展需要

节能减排是提高能源利用效率，减轻环境压力，保障经济安全，全面建设小康社会的必然选择；是促进循环经济发展，建设节约型社会，转变经济增长方式，实现可持续发展的必由之路；是贯彻落实科学发展观、提高人民生活质量、构建和谐社会的必然要求。

（2）电力负荷需要

一方面，随着涠西南油田群的进一步开发，整体电力短缺的情况将日益突出，同时为满足地方经济快速发展的需求，涠洲终端发电厂还负有向涠洲地方政府供电的任务。

另一方面，现有四台 Typhoon 73 型燃气轮机发电机组和两台 6MW UGT6000 型燃气轮机发电机组均采用简单循环，大量能量均随高温烟气排入大气。如果能将这些燃气轮机烟气余热回收，用于生产蒸汽，推动汽轮发电机组发电，不仅可以满足日益增长的电力负荷的需求，还可向地方提供更多的电力，实现节能减排，降低天然气消耗，减少燃气轮机发电机组运行台数，提高涠洲终端发电厂备用量，进一步保障涠洲终端发电厂供电的安全性和可靠性。

（3）节约能源需要

按涠洲终端现有的电力负荷，经理论计算，本项目经余热锅炉回收利用改造后，可安装一台铭牌出力 10MW 补汽凝汽式汽轮发电机组，额定发电量 8.64MW，扣除厂用电后，可对外供电 8.251MW。如果将所发电力折合成燃煤电厂的标准煤耗，相当于每年节约标煤量 24192t 左右 [发电标煤耗按 350g/(kW·h) 计算，每年 8000h]，达到提高能源利用效率、节约能源的目的。

（4）环境保护需要

涠洲终端发电厂燃气轮机发电机组均采用简单循环，其 400～530℃ 左右的高温烟气均直接排入大气，本身会对周围环境造成一定的热污染。

另外，如果将本项目所发电力折合成燃煤电厂的标准煤耗，相当于每年节约标煤量 24192t 左右，每年可相应减排 SO_2 约 1640t，减排 CO_2 约 52738t，减排 NO_x 约 793t，减少烟尘排放约 230t，大大减少了温室气体和酸性气体的排放。

（5）企业责任需要

作为能源企业不仅要提供社会所需的能源，更要在优化能源利用方式、提高能源使用效率上成为社会的表率，这也将是企业的核心竞争力，关系到企业的生存和发展。

中海石油（中国）有限公司在实现高效、快速发展的同时，始终把节能降耗、减少污染物排放、保护环境、应对气候变化作为企业不可推卸的重要社会责任。继 2007 年成为首家受邀加入应对全球气候变化的国际组织"3C"组织的中国企业之后，2008 年又成为联合国"全球契约组织"的成员，与国际社会共同应对环境变化。作为国有大型企业，不仅要承担更大的社会责任，执行的节能减排标准更要严于国家标准，这也是强化企业责任的体现。

2.4 项目实施的有利条件

① 涠洲终端经过多期建设和改造后，现已进入稳定生产期，对其进行节能技术改造时机已成熟。

② 燃气轮机的烟气余热技术已经成熟，余热利用设备已实现 100％国产化，并取得了较为丰富的工程实践应用经验。

③ 余热按其温度不同，其能量品位的利用等级也不同，一般可分为三个品位；650℃以上的余热为高品位；650～250℃的余热为中品位；250℃以下的余热为低品位。涠洲终端燃气轮机的烟气温度在 400～530℃之间，属中品位余热。高品位的余热为优质能源，它在余热能源总量中占有相当重要的比重，应尽量设法回收；低品位的余热，虽然温度较低，回收比较困难，但是，由于它在余热资源中占非常大的比例，利用潜力很大，应积极采取有效的措施，开展对这部分余热的回收利用；中品位的余热是比较好的二次能源，它在总余热能源中占有相当大的比例，在余热回收中是不容忽视的部分，在余热回收的条件及方法上都较前两种更为有利。

④ 涠洲终端公用设施齐全，水、电系统完善，便于实施燃气轮机余热利用改造，投资省。

⑤ 涠洲终端厂现有四台 Typhoon 73 型燃气轮机发电机组和两台 6MW UGT6000 型燃气轮机发电机组，正常运行方式为五用一备，有利于在保证燃气轮机发电机组安全运行的前提下实施余热利用改造。

⑥ 热电联合循环余热利用方式，只增加三通挡板阀、余热锅炉等系统和设备，整套装置自动化程度高，易于操作、运行和维护，只需增加少量的运行人员即可满足要求，不影响燃气轮机发电机组的工作。

⑦ 本项目为国家节能减排鼓励项目，顺应了节能减排的需求，是建设周期短、见效快、经济效益明显的项目，不但增强了企业竞争力，同时也能产生良好

的社会效益。

2.5 项目设计条件

2.5.1 场地条件

涠洲终端位于广西壮族自治区涠洲岛西南侧，龟岭和大岭之间，西邻大海，距海边陡坎约50m，海岸为冲刷区，不存在沿岸推移质。厂区地形为缓坡丘地，南高北低，最高海拔51.6m，最低海拔27.9m，高差约23m。东、西、北三面地势均比厂区低，南边大岭较高，有利于厂区排水。

2.5.2 气象条件

极端最高温度35.0℃，最低温度3.7℃，年平均22.9℃，年平均月最高（7月）28.9℃，年平均月最低（1月）15.5℃。常风向北、东北；每年5～11月受台风影响，尤其是7～10月台风最为集中。降水集中在6～10月，月平均降雨量最大值在8月份，为224.6mm，最小值在1月份，为6.9mm。相对湿度最大为83%，最小为76%，年平均为80%。具体气象条件如下：

(1) 环境温度

年平均温度：22.9℃

极端最高温度：35.0℃

极端最低温度：3.7℃

(2) 环境湿度

年平均相对湿度：80%

最冷月（1月）平均相对湿度：76%

最热月（7月）平均相对湿度：83%

夏季（6～8月）平均相对湿度：82%

冬季（12～2月）平均相对湿度：78%

(3) 大气压力

年平均气压：100kPa

冬季（12～2月）平均值：103kPa

夏季（6～8月）平均值：95.6kPa

(4) 日照

历年平均年总日照时间：2263h

(5) 降水量

历年平均年总降水量：1044mm

十分钟最大降水量：224.6mm

雨季时间：6～10 月

（6）风速风向

最大风速：60.5m/s

静风频率：28%

常年主导风向：北、东北

（7）基本风压

基本风压 1.13kN/m²

（8）地震

地震基本烈度：7 度（0.10g），按 8 度设防

2.5.3 运输条件

距涠洲终端东南侧几公里的涠洲镇政府所在地南湾港，现有一座海军码头和一座商用小型码头，可供少量客货轮运输。

目前岛上已建成环岛东路（沥青路面），正建环岛西路，已建路可达厂区东南侧，距厂区仅几十米。路况较好但路面较窄。其他水源井或码头也有公路到达，岛内运输较为方便。

2.5.4 水源条件

涠洲终端地下淡水水质优良，符合生活饮用水质要求，矿化度一般<0.1g/L。本站生活用水均采用地下水，水源井布置在岛中心的富水地段，打井 4 口，单井流量控制在 500～720m³/d。

2.5.5 现有主要设备技术规范

Typhoon 73 型燃气轮机发电机组技术规范（ISO 工况）如表 2-1 所示。

表 2-1　Typhoon 73 型燃气轮机发电机组技术规范（ISO 工况）

型号	Typhoon 73
制造商	西门子
燃料	天然气
运行方式	简单循环
功率	4800kW
热耗率	12053kJ/(kW·h)
排烟流量	69.66t/h
排烟温度	514℃

UGT6000 型燃气轮机发电机组规范（ISO 工况）如表 2-2 所示。

表 2-2　UGT6000 型燃气轮机发电机组规范（ISO 工况）

型号	UGT6000
型式	工业型、三轴
制造商	乌克兰"曙光——机械设计"
燃料	天然气
运行方式	简单循环
出力	6000kW
热耗率	12013kJ/(kW·h)
排烟流量	108t/h
排烟温度	430℃
输出轴转速	3000r/min
发电机	
型号	QFW-6-2
型式	闭式空-水冷却
功率因数	0.8
额定电压	6.3kV
额定电流	687.3A
转速	3000r/min
频率	50Hz
绝缘等级	F 级

2.6　燃气轮机余热利用现状及发展趋势

2.6.1　油气处理输送终端动力模块现状分析

　　油气处理输送终端是油气采集、处理、输送过程中的一个重要环节，为了保证油气处理输送终端生产需要，一般均配置有蒸汽锅炉、压缩机组和发电机组。其中压缩机组一般选用燃气轮机压缩机组和电驱压缩机组（当外网供电得到可靠保证时，一般选用电驱压缩机组）；发电机组一般选用燃气轮机发电机组和柴油发电机组（当负荷较大时或者作为终端主力电源时，一般选用燃气轮机发电机组）。

　　在这些动力模块中，除蒸汽锅炉外，其余的动力模块的功率都很大，排出烟气流量也很大，总的能量利用率普遍在 20%～33%，大部分的能量随着烟气直接排往大气中或者被冷却水带走，燃气轮机排烟温度一般都在 400～600℃。

2.6.2 油气处理输送终端余热利用现状分析

内陆油气处理输送终端余热利用起步较早，发展较快，一般采用燃气轮机发电机组＋余热锅炉＋汽轮发电机组构成燃-蒸联合循环发电余热利用方式，如中石油青海油田油气处理输送终端就采用该种方式；或者采用燃气轮机发电机组＋余热锅炉构成热电联供余热利用方式，如中石油塔西南柯克亚油气田油气处理输送终端、中石油塔西南燃气轮机电站、中石油西气东输首站等均采用该种方式。

余热回收利用在海上开发工程中已开始得到应用，我国辽东湾海域的绥中36-1油田工程和南海的涠洲11-4油田工程等已采用了余热回收装置，用余热加热导热油。

但是，燃气轮机压缩机组一般没有进行余热利用，还有相当部分内陆油气处理终端和海上平台的原动机尾气是直接排放到大气中的，高温废气的排出不仅造成了大气污染、能源浪费，同时也降低了油气田的经济效益。

2.6.3 油气处理输送终端余热利用技术趋势

油气处理输送终端余热利用技术除采用燃气轮机发电机组＋余热锅炉＋汽轮发电机组构成燃-蒸联合循环发电余热利用方式，以及采用燃气轮机发电机组＋余热锅炉构成热电联供余热利用方式外，目前还开始向燃气轮机发电机组＋余热锅炉＋制冷机组，或者燃气轮机发电机组＋高温烟气型双效吸收式制冷机组组成"热冷电三联供"余热利用方式方向发展，以最大限度地利用燃气轮机、内燃机、柴油机等原动机排出的烟气余热。

2.7 涠洲终端余热电站方案及技术可行性分析

2.7.1 燃气轮机余热利用技术方案

使用什么样的方法回收余热和能达到什么样的效率，主要取决于利用回收的余热来做什么。从目前比较成熟的余热利用技术来看，主要有以下几个余热利用方式：

（1）加装蒸汽轮机构成燃-蒸联合循环发电方式

这种方式在燃气轮机排气侧加装中温中压余热锅炉，回收燃气轮机排出的废气余热，产生中温中压过热蒸汽，驱动汽轮机发电。该方案中汽轮发电机组有三种形式：纯凝式汽轮发电机组、补汽凝汽式汽轮发电机组和抽凝式汽轮发电机组，前两者蒸汽全部用于发电，后者则可抽出一部分蒸汽用于采暖或制冷。其原则性工艺流程示意图见图 2-1。

该方式可以较好地回收燃气轮机烟气排出的可以利用的中、高品位余热，工艺系统和设备均非常成熟，在陆地上有较多的成熟案例。但是，该方案系统结构

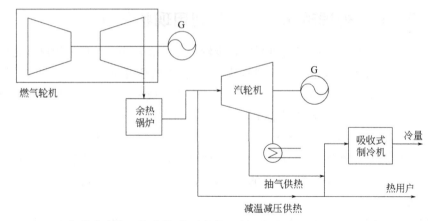

图 2-1　加装蒸汽轮机构成燃-蒸联合循环发电方式的原则性工艺流程示意图

相对复杂,对运行人员要求比较高;系统占地面积较大,投资较高,采用水作为工作介质,需要较多的淡水。

燃-蒸联合循环发电方式虽然应用广泛,但淡水冷却的方式消耗大量淡水,由于涠洲岛淡水资源紧缺,可考虑海水冷却的方式。

海水冷却技术分为海水直流冷却和海水循环冷却。海水直流冷却是指海水经换热设备对水汽进行一次性冷却以及排放的过程。海水直流冷却技术具有深海取水温度低、冷却效果好和系统运行管理简单等优点;但是存在取水量大、排污量大以及水体污染明显等问题。海水循环冷却是以海水为冷却介质,经换热设备完成一次冷却后,海水经冷却塔冷却并循环使用的过程。海水循环冷却系统由于海水循环使用,其取排水量较直流冷却系统均减少 95% 以上,在一定条件下较海水直流冷却技术更经济和环保。因此,涠洲终端冷却应采用海水循环冷却方式。海水冷却的燃-蒸联合循环发电方式,其工艺系统与淡水冷却方式类似,仅将冷却系统中补水改为海水,其冷却水系统示意图如图 2-2 所示。

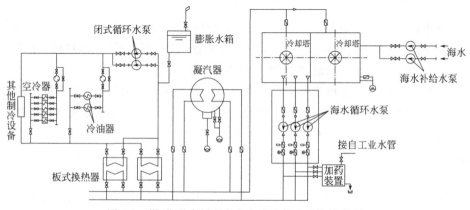

图 2-2　燃-蒸联合循环发电方式冷却水系统示意图

汽机冷凝器采用海水冷却塔开式循环冷却系统，汽机空冷器、冷油器等辅助设备采用淡水闭式循环冷却水系统，闭式循环板式换热器采用海水作为冷却水源。

涠洲岛淡水资源紧缺，若采用海水冷却方式，可解决联合循环发电方式消耗大量淡水的问题，从而使这种余热回收方式的可行性大增。但是，由于海水具有较强的腐蚀性，采用海水冷却方式冷却系统设备需具有较强的抗腐蚀能力，这将使得设备一次性投资增大，而且后续运行及维护成本也会有所增加。

涠洲终端发电厂不仅要向终端处理厂供电，还需向各个油气田和地方供电。随着涠西南油田群的进一步开发，整体电力短缺的情况将日益突出。同时，涠洲终端发电厂在建设过程中保留有一定的空间，可用来布置燃-蒸联合循环发电方式新增的设备和系统。因此，该方式比较适合涠洲终端燃气轮机余热回收利用。

（2）加装余热锅炉或导热油炉构成热电联供方式

这种方式是在燃气轮机排气侧加装余热锅炉，并配套相应的补给水系统，该系统包括水处理系统、除氧系统和给水系统。余热锅炉吸收燃气轮机排出的烟气余热，加热来自给水泵的除盐水，产生蒸汽，然后送至各热用户，从而构成热电联供方式。其原则性工艺流程图见图 2-3。

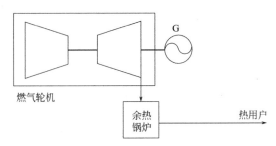

图 2-3　加装余热锅炉构成热电联供方式的原则性工艺流程图

这种方式还可加装废气余热导热油炉，并配套相应的封闭式导热油系统，该系统包括热介质循环泵、膨胀油箱和相关换热器等。废气导热油炉吸收燃气轮机排出的烟气余热，加热来自热介质循环泵的导热油，然后送至热用户，从而构成热电联供方式。其原则性工艺流程图见图 2-4。

该方案可以较好地回收燃气轮机烟气排出的可以利用的中、高品位余热，工艺系统和设备比较成熟，系统简单，运行维护方便，投资少，占地少，安装快捷。但是，该方案受油气处理终端最终热负荷的多少影响较大，对于有足够热负荷的油气处理输送终端而言，该方案具有很高的热效率和实用性。

对涠洲终端来说，利用两台 Typhoon 73 型燃气轮机发电机组的余热就可以完全或部分取代原有的热媒加热炉和原油加热炉，但目前尚不能达到余热资源利用最大化。

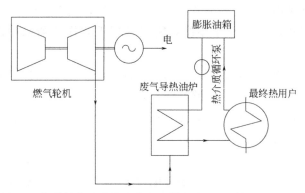

图 2-4 加装导热油炉构成热电联供方式的原则性工艺流程图

(3) 加装制冷机构成热冷电三联供方式

即在燃气轮机排气侧加装高温烟气型双效吸收式制冷机,燃气轮机排出的高温烟气直接进入高温烟气型双效吸收式制冷机,产生冷水(7℃/14℃)或者热水(65℃/55℃),供整个油气处理输送终端冬季采暖和夏季制冷用,同时还可以产生 80℃/60℃ 卫生热水,作为整个油气处理输送终端生活用热水。其原则性工艺流程图见图 2-5。

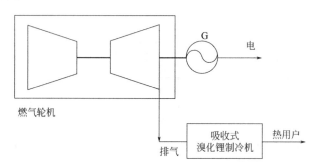

图 2-5 加装制冷机构成热冷电三联供方式的原则性工艺流程图

这种方式也可以较好地回收燃气轮机烟气排出的可以利用的中、高品位余热,工艺系统和设备比较成熟,系统简单,运行维护方便,安装快捷,可以实现热冷电三联供。但是,该种方式受季节以及冷热负荷变化影响较大,一般较难做到全部回收燃气轮机烟气排出的余热,利用率较低。同时,对燃气轮机烟气系统改造也比较困难。

因此,该种方式不太适合涠洲终端燃气轮机余热回收利用。

(4) 加装 ORC 模块进行发电和产热

该方式是一种新型余热利用的方法,即利用导热油来吸收燃气轮机烟气排出的余热,然后传导给 ORC 系统模块进行发电和产热,达到提高热利用率的目的。其原则性系统流程图见图 2-6。

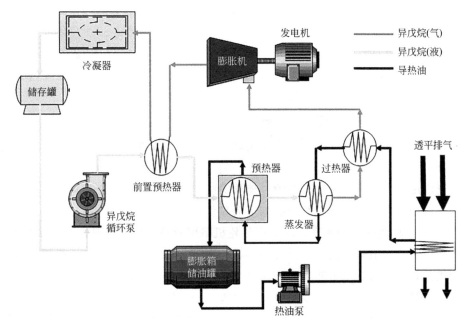

图 2-6　ORC 系统原则性流程图

ORC 系统采用的是闭式循环，使用有机工质做功，若冷凝器采用海水冷却或空气冷却，则整个过程不消耗淡水，与常规的蒸汽循环发电相比可以节省大量的淡水。

ORC 系统特别适用于温度较低的废热热源（200℃左右），尤其在缺水的场合具有很大的优势。而且，目前国外的 ORC 系统均做成撬装模块化形式，安装和使用非常方便。

对于涠洲终端发电厂而言，其燃气轮机排出的烟气温度大多在 400~530℃ 之间，属中、高品位余热。另外，终端发电站不仅要向终端处理厂供电，还需向各个油气田和地方供电，没有稳定热负荷或者冷负荷的需求。

因此，该种方式不太适合涠洲终端燃气轮机尾气余热回收利用。

综上所述，涠洲终端发电站除向终端处理厂供电外，还需向各个油气田和地方供电，对电力供应的需求较大，因此以上四种余热利用方式中，第一种燃气轮机余热利用方式——加装余热锅炉和汽轮发电机组构成燃-蒸联合循环发电方式目前对涠洲终端最为有利。

2.7.2　燃-蒸联合循环可行性分析

2.7.2.1　燃气轮机烟气余热适应性分析

根据涠洲终端燃气轮机电站机组的运行特点，经理论计算，每台 Typhoon 73 型燃气轮机在年平均温度 22.9℃ 条件下，降工况至 3200kW 运行时，所排放的烟气，可生产 2.0MPa、400℃ 中温中压过热蒸汽 6.5t/h，0.42MPa、205℃ 低温低压过热蒸汽 1.2t/h；UGT6000 型燃气轮机在年平均温度 22.9℃ 条件下，降工况至 4000kW 运行时，所排放的烟气可生产 2.0MPa、400℃ 中温中压过热蒸汽 8.1t/h，0.42MPa、205℃ 低温低压过热蒸汽 1.4t/h，完全能够保证补汽凝汽式汽轮发电机组对进汽品质的要求。

2.7.2.2 余热锅炉技术可行性分析

余热锅炉是一种利用燃气轮机排出烟气的热量，或者其他原动机、生产工艺过程排出烟气的热量，来加热水产生蒸汽的设备。不仅在燃气轮机余热利用中得到广泛应用，在水泥、钢铁、玻璃、硫酸等高能耗行业的工业余热利用中也得到了广泛应用。同时，余热锅炉还有如下明显优势：

① 就对环境的影响而言，现有燃气轮机采用简单循环，高温烟气直接排空，造成大量热能的浪费，而且严重污染环境。利用余热锅炉回收燃气轮机烟气余热进行供热，不仅减少了天然气的消耗且多产生电力，更因利用了燃气轮机尾气内的热量，降低了尾气排放温度，减少了对大气的热污染。

② 就设备的安全性而言，余热锅炉只是利用燃气轮机烟气的热量进行换热降低排烟温度，对环境而言更为安全环保。

因此，加装余热锅炉和汽轮发电机组构成燃-蒸联合循环发电方式，就余热锅炉技术层面而言，技术上完全能够保证。

2.7.2.3 汽轮发电机组技术可行性分析

陆用汽轮发电机组已有上百年的发展历史，全世界使用汽轮发电机组的地方比比皆是，单机功率从 0.2MW 至 1000MW，压力参数涵盖了低压至超超临界的所有压力级，完全可以满足涠洲终端燃气轮机烟气余热回收利用的要求。加装余热锅炉和汽轮发电机组构成燃-蒸联合循环发电方式，就汽轮发电机组技术层面而言，技术上完全能够保证。

2.7.2.4 改造后对现有系统的影响分析

涠洲终端现建有四台 Typhoon 73 型燃气轮机发电机组和两台 UGT6000 型燃气轮机发电机组，背压都为大气压力。由于增加余热锅炉后背压略有升高，但影响不大，因此对燃气轮机的功率影响较小。

此外，Typhoon 73 型燃气轮机发电机组排气侧预留有一定的场地，可用来布置三通挡板阀和立式余热锅炉；两台 UGT6000 型燃气轮机发电机组场地较为紧张，可采用立式余热锅炉解决场地问题。因此，涠洲终端燃气轮机余热回收利用项目改造对涠洲终端发电厂工艺系统和整体布局影响较小。

2.7.2.5 方案评价

我国大多数油气终端选用的燃气轮机发电机组或柴油发电机组、燃气轮机压缩机组等动力装置，按简单循环方式运行，大量的中、高品位烟气被排放是对能源的极大浪费，因此，本方案具有很好的应用和推广前景。

燃-蒸联合循环发电余热利用方式具有低能耗、高效率、高可靠性的特点，被国际上公认为未来能源系统可持续发展的途径之一。

综上所述，利用燃气轮机烟气余热加装余热锅炉和汽轮发电机组构成燃-蒸联合循环发电余热利用方式，从技术分析上是完全可行的。

2.7.3 热平衡计算

系统的热平衡计算是根据涠洲终端提供的燃气轮机参数以及现场条件进行的。Typhoon 73 燃气轮机联合循环变工况性能计算如表 2-3 所示；UGT 6000 燃气轮机联合循环变工况性能计算如表 2-4 所示。

表 2-3 Typhoon 73 燃气轮机联合循环变工况性能计算

序号	名称	单位	工况一	工况二	工况三	工况四	工况五
1	工况描述		极端最低温度	最冷月平均温度	年平均温度	最热月平均温度	极端最高温度
2	大气温度	℃	3.7	15.5	22.9	28.9	35
3	大气压力	bar	1.0254	1.0254	1.000	0.9755	0.9755
4	大气相对湿度	%	80	80	80	80	80
5	压气机进气温度	℃	3.7	15.5	22.9	28.9	35
6	进口压力损失	mmH$_2$O	101.6	101.6	101.6	101.6	101.6
7	排气压力损失	mmH$_2$O	250	250	250	250	250
8	燃气轮机	台	3	3	3	3	3
9	燃气轮机毛功率	kW	3200	3200	3200	3200	3200
10	燃气轮机热耗率	kJ/(kW·h)	13468	13570	13539	13508	13595
11	燃气轮机热耗	GJ/h	43.10	43.42	43.32	43.23	43.50
12	燃气轮机效率	%	26.73	26.53	26.59	26.65	26.48
13	燃气轮机排气温度	℃	395	421	443	462	477
14	燃气轮机排气流量	t/h	73.03	70.59	67.28	64.37	63.05
15	燃料耗量	kg/h	1337.19	1347.27	1344.23	1341.20	1349.81
16	天然气耗量	m^3/h	1798.73	1812.29	1808.20	1803.46	1815.03
17	余热锅炉	台	2	2	2	2	2
18	高压过热蒸汽压力	MPa	1.7	2.0	2.0	2.0	2.0
19	高压过热蒸汽温度	℃	360.0	380.0	400.0	400.0	400.0
20	高压过热蒸汽产量	t/h	5.7	6.1	6.5	6.8	7.1
21	低压过热蒸汽压力	MPa	0.42	0.42	0.42	0.42	0.42

续表

序号	名称	单位	工况一	工况二	工况三	工况四	工况五
22	低压过热蒸汽温度	℃	205.0	205.0	205.0	205.0	205.0
23	低压过热蒸汽产量	t/h	1.3	1.3	1.2	1.0	1.0
24	锅炉排烟温度	℃	127.1	123.2	121.4	118.4	118.2
25	汽轮发电机	台	1	1	1	1	1
26	高压过热蒸汽压力	MPa	1.70	2.00	2.00	2.00	2.00
27	高压过热蒸汽温度	℃	355.0	370.0	390.0	390.0	390.0
28	高压过热蒸汽量	t/h	16.8	18.2	19.2	20.3	21.0
29	低压过热蒸汽压力	MPa	0.42	0.42	0.42	0.42	0.42
30	低压过热蒸汽温度	℃	200.0	200.0	200.0	200.0	200.0
31	低压过热蒸汽量	t/h	3.9	4.0	3.5	3.1	2.9
32	汽轮机发电量	kW·h	3927	4346	4708	4887	5022
33	联合循环发电装置出力	kW	13527	13946	14308	14487	14622
34	联合循环毛供电效率	%	37.67	38.54	39.63	40.22	40.33
35	联合循环供电热耗率(LHV)	kJ/(kW·h)	9557.8	9340.6	9084.2	8951.3	8925.6
36	厂用电功率	kW	427.7	439.9	441.0	442.7	442.1
37	外输电功率	kW	13100	13506	13867	14045	14180
38	联合循环供电效率	%	36.47	37.33	38.41	38.99	39.11
39	联合循环热耗率(LHV)	kJ/(kW·h)	9869.8	9644.8	9373.2	9233.4	9203.9
40	机组数量	台	1	1	1	1	1
41	年运行时间	h	8000	8000	8000	8000	8000
42	年发电量	MW·h	108220	111571	114461	115900	116979
43	年厂用电量	MW·h	3421	3519	3528	3542	3537
44	厂用电率	%	3.16	3.15	3.08	3.06	3.02
45	年外供电量	MW·h	104799	108052	110933	112358	113442

注:1bar=10^5Pa;1mm H_2O=9.8Pa。

表 2-4　UGT6000 燃气轮机联合循环变工况性能计算

序号	名称	单位	工况一	工况二	工况三	工况四	工况五
1	工况描述		极端最低温度	最冷月平均温度	年平均温度	最热月平均温度	极端最高温度
2	大气温度	℃	3.7	15.5	22.9	28.9	35
3	大气压力	bar	1.0254	1.0254	0.9755	0.9755	0.9755
4	大气相对湿度	%	80	80	80	80	80
5	压气机进气温度	℃	3.7	15.5	22.9	28.9	35

续表

序号	名称	单位	工况一	工况二	工况三	工况四	工况五
6	进口压力损失	mmH$_2$O	101.6	101.6	101.6	101.6	101.6
7	排气压力损失	mmH$_2$O	250	250	250	250	250
8	燃气轮机	台	2	2	2	2	2
9	燃气轮机毛功率	kW	4000	4000	4000	4000	4000
10	燃气轮机热耗率	kJ/(kW·h)	14118	14343	14400	14516	14634
11	燃气轮机热耗	GJ/h	56.47	57.37	57.60	58.06	58.54
12	燃气轮机效率	%	25.50	25.10	25.00	24.80	24.60
13	燃气轮机排气温度	℃	405	429	439	455	465
14	燃气轮机排气流量	t/h	90.72	87.84	85.64	84.10	84.24
15	燃料耗量	kg/h	1752.11	1780.03	1787.15	1801.57	1816.21
16	天然气耗量	m^3/h	2356.87	2394.43	2404.01	2422.48	2442.18
17	余热锅炉	台	2	2	2	2	2
18	高压过热蒸汽压力	MPa	1.7	2.0	2.0	2.0	2.0
19	高压过热蒸汽温度	℃	360.0	380.0	400.0	400.0	400.0
20	高压过热蒸汽产量	t/h	7.5	8.0	8.1	8.6	8.9
21	低压过热蒸汽压力	MPa	0.4	0.4	0.4	0.4	0.4
22	低压过热蒸汽温度	℃	205.0	205.0	205.0	205.0	205.0
23	低压过热蒸汽产量	t/h	1.5	1.5	1.4	1.3	1.3
24	锅炉排烟温度	℃	129.8	126.4	125.4	122.4	122.4
25	汽轮发电机	台	1	1	1	1	1
26	高压过热蒸汽压力	MPa	1.70	2.00	2.00	2.00	2.00
27	高压过热蒸汽温度	℃	355.0	370.0	390.0	390.0	390.0
28	高压过热蒸汽量	t/h	14.9	15.8	16.1	17.0	17.7
29	低压过热蒸汽压力	MPa	0.42	0.42	0.42	0.42	0.42
30	低压过热蒸汽温度	℃	200.0	200.0	200.0	200.0	200.0
31	低压过热蒸汽量	t/h	2.9	3.0	2.9	2.5	2.6
32	汽轮机发电量	kW·h	3402	3706	3932	4087	4236
33	联合循环发电装置出力	kW	11402	11706	11932	12087	12236
34	联合循环毛供电效率	%	36.35	36.73	37.29	37.47	37.63
35	联合循环供电热耗率(LHV)	kJ/(kW·h)	9905.0	9801.6	9654.6	9608.0	9568.1
36	厂用电功率	kW	461.9	461.9	463.3	461.9	463.3
37	外输电功率	kW	10941	11244	11469	11625	11773
38	联合循环供电效率	%	34.87	35.28	35.84	36.04	36.20

续表

序号	名称	单位	工况一	工况二	工况三	工况四	工况五
39	联合循环热耗率(LHV)	kJ/(kW·h)	10323.2	10204.2	10044.6	9989.8	9944.6
40	机组数量	台	1	1	1	1	1
41	年运行时间	h	8000	8000	8000	8000	8000
42	年发电量	MW·h	91219	93651	95457	96693	97886
43	年厂用电量	MW·h	3695	3695	3706	3695	3706
44	厂用电率	%	4.05	3.95	3.88	3.82	3.79
45	年外供电量	MW·h	87524	89956	91751	92998	94180

由上面的计算结果可知，在年平均温度为22.9℃，相对湿度为80%，现场4000kW工况下，两台UGT6000型燃气轮机的烟气，可生产2.0MPa、400℃中温中压过热蒸汽16.2t/h，0.42MPa、205℃低温低压过热蒸汽2.8t/h，可推动汽轮发电机组产生3932kW·h的电力，发电循环效率由24.33%提高至37.29%；三台Typhoon 73型燃气轮机的烟气，可生产2.0MPa、400℃中温中压过热蒸汽19.5t/h，0.42MPa、205℃低温低压过热蒸汽3.6t/h，可推动汽轮发电机组产生4708kW·h的电力，发电效率由26.21%提高至39.63%。

第3章
涠洲终端燃-蒸联合循环发电方案

涠洲终端燃机电站余热回收发电项目将原以简单循环模式运行的燃气轮机发电机组改建为燃-蒸联合循环发电机组,在6台燃气轮机排气出口分别增设电动三通挡板阀,整合安装两台双压蒸汽余热锅炉,一套(10MW)汽轮发电机组及相应的疏放水系统和电站附属的一套($4500m^3/h$)开式海水循环冷却系统、一套($400\ m^3/h$)闭式淡水循环冷却系统、一套($2×250m^3/d$)海水淡化及除盐水处理系统和电站全套电气系统、仪控系统、消防系统等组成燃-蒸联合循环电站。

3.1 Typhoon 73型燃气轮机余热利用方案

涠洲终端发电厂现有四台 Typhoon 73 型燃气轮机发电机组,在 ISO 条件下的输出功率为4800kW,排烟温度为517℃,设计运行方式为二用二备,目前实际运行方式为三用一备。

涠洲终端余热电站项目 Typhoon 73 型燃气轮机发电机组配置一台双压余热锅炉。余热锅炉产生的中、低压蒸汽分别经中、低压蒸汽母管引入汽轮发电机组主汽口和补汽口,推动发电机发电。同时配套相应的化学水处理系统、除氧给水系统、循环冷却水系统以及相应的电气和控制等设备和系统,构成海水冷却燃-蒸联合循环发电余热利用方式。

Typhoon 73 型燃气轮机联合循环运行参数见表 3-1(年平均温度 22.9℃)。

表 3-1 Typhoon 73 型燃气轮机联合循环运行参数

名称	单位	Typhoon 73 型燃气轮机(二台运行)	Typhoon 73 型燃气轮机(三台运行)
燃气轮机排烟温度	℃	443	443

续表

名称	单位	Typhoon 73 型燃气轮机（二台运行）	Typhoon 73 型燃气轮机（三台运行）
燃气轮机排烟流量	t/h	134.56	201.84
余热锅炉中压过热蒸汽压力	MPa	2.0	2.0
余热锅炉中压过热蒸汽温度	℃	400.0	400.0
余热锅炉中压过热蒸汽产量	t/h	13	19.5
余热锅炉低压过热蒸汽压力	MPa	0.42	0.42
余热锅炉低压过热蒸汽温度	℃	205	205
余热锅炉低压过热蒸汽产量	t/h	2.4	3.6
余热锅炉排烟温度	℃	121.4	121.4
汽轮机中压过热蒸汽压力	MPa	2.00	2.00
汽轮机中压过热蒸汽温度	℃	390.0	390.0
汽轮机中压过热蒸汽量	t/h	12.8	19.2
汽轮机低压过热蒸汽压力	MPa	0.4	0.4
汽轮机低压过热蒸汽温度	℃	200	200
汽轮机低压过热蒸汽产量	t/h	2.33	3.5
汽轮机发电量	kW·h	3139	4708

从表 3-1 可知，利用两台 Typhoon 73 型燃气轮机烟气余热可产生中温中压过热蒸汽 13t/h、低温低压过热蒸汽 2.4t/h，可供汽轮发电机组发出 3139kW·h 电力，排烟温度从 443℃左右降至 121.4℃，从而大幅度减少高温烟气直接排空带来的环境污染。

3.2 UGT6000 型燃气轮机余热利用方案

两台 UGT6000 型燃气轮机发电机组配置一台双压余热锅炉。余热锅炉产生的中、低压蒸汽分别经中、低压蒸汽母管引入汽轮发电机组主汽口和补汽口，推动发电机发电。同时配套相应的化学水处理系统、除氧给水系统、循环冷却水系统以及相应的电气和控制等设备和系统，构成海水冷却燃-蒸联合循环发电余热利用方式。

现有两台 6MW UGT6000 型燃气轮机发电机组，ISO 功率 6MW，热耗率 12013 kJ/(kW·h)，排烟流量 108t/h，排烟温度 430℃。

根据终端提供的主发电机组现场实际运行参数（年平均温度 22.9℃），理论计算结果如表 3-2 所示。

表 3-2　UGT6000 型燃气轮机联合循环运行参数

序号	名称	单位	UGT6000型燃气轮机（一台运行）	UGT6000型燃气轮机（二台运行）
1	燃气轮机排烟温度	℃	439	439
2	燃气轮机排烟流量	t/h	57.6	115.2
3	余热锅炉中压过热蒸汽压力	MPa	2.0	2.0
4	余热锅炉中压过热蒸汽温度	℃	400.0	400.0
5	余热锅炉中压过热蒸汽产量	t/h	8.1	16.2
6	余热锅炉低压过热蒸汽压力	MPa	0.42	0.42
7	余热锅炉低压过热蒸汽温度	℃	205	205
8	余热锅炉低压过热蒸汽产量	t/h	1.4	2.8
9	余热锅炉排烟温度	℃	125.4	125.4
10	汽轮机中压过热蒸汽压力	MPa	2.00	2.00
11	汽轮机中压过热蒸汽温度	℃	390.0	390.0
12	汽轮机中压过热蒸汽量	t/h	8.05	16.1
13	汽轮机低压过热蒸汽压力	MPa	0.4	0.4
14	汽轮机低压过热蒸汽温度	℃	200	200
15	汽轮机低压过热蒸汽产量	t/h	1.4	2.8
16	汽轮机发电量	kW·h	1966	3932

从表 3-2 可知，利用两台 UGT6000 型燃气轮机烟气余热可产生中温中压过热蒸汽 16.2t/h、低温低压过热蒸汽 2.8t/h，可供汽轮发电机组发出 3932kW·h 电力，排烟温度从 439℃降至 125.4℃，从而大幅度减少高温烟气直接排空带来的环境污染。

利用燃气轮机余热进行发电，可最大限度地利用燃气轮机余热，提高了余热利用率，达到节能减排的目的。

随着涠西南油田群的开发，涠洲终端整体电力短缺的情况将日益突出，本项目能较好地解决电力短缺的问题，还能带来可观的经济效益和社会效益。

3.3　主要技术经济指标

涠洲终端燃气轮机余热利用在各种现场条件下，全站的主要技术经济指标如表 3-3 所示。

表 3-3　全站的主要技术经济指标

序号	名称	单位	工况一	工况二	工况三	工况四	工况五
1	工况描述		极端最低温度	最冷月平均温度	年平均温度	最热月平均温度	极端最高温度
2	大气温度	℃	3.7	15.5	22.9	28.9	35
3	全站出力	kW	24930	25653	26240	26574	26858
4	全站毛供电效率	%	37.05	37.69	38.53	38.92	39.05
5	全站毛热耗率(LHV)	kJ/(kW·h)	9716.6	9551.0	9343.6	9250.0	9218.3
6	厂用电功率	kW	889.6	901.8	904.3	904.6	905.3
7	外输电功率	kW	24040	24751	25335	25670	25953
8	全站供电效率	%	35.73	36.37	37.20	37.59	37.74
9	全站热耗率(LHV)	kJ/(kW·h)	10076.2	9899.0	9677.1	9576.0	9539.9
10	年发电量	MW·h	199439	205222	209918	212593	214865
11	厂用电量	MW·h	7116	7214	7234	7237	7243
12	厂用电率	%	3.57	3.52	3.45	3.40	3.37
13	年外供电量	MW·h	192323	198008	202684	205356	207622

两台 UGT6000 型和四台 Typhoon 73 型燃气轮机的烟气余热经回收利用后，可发电力 8640kW·h，不仅提高了涠洲终端发电厂的供电能力，满足了日益增长的电力负荷需求，实现了节能减排，还减少了机组运行台数，增加了备用量，提高了涠洲终端供电安全性保障系数。

本工程 4 台 Typhoon 73 型燃气轮机发电机组配置 1 台双压立式余热锅炉，锅炉布置在涠洲终端厂区三平台临近燃气轮机排气后端，设计运行工况燃气轮机 3 开 1 备，余热锅炉的设计能满足 3 台燃气轮机、2 台燃气轮机或 1 台燃气轮机运行工况时的出力要求。Typhoon 73 型燃气轮机配套余热锅炉技术参数如表 3-4 所示。

表 3-4　Typhoon 73 型燃气轮机配套余热锅炉技术参数

序号	名称	单位	设计工况	校核工况1	校核工况2	备注
1	燃气轮机运行台数	台	3	3	3	
2	环境温度	℃	28	28	28	
3	烟气流量	t/h	176.04	174.96	182.52	
4	锅炉进口烟气温度	℃	460	440	478	
5	中压过热蒸汽压力	MPa(G)	2.5	2.5	2.5	
6	中压过热蒸汽温度	℃	436	420	449	
7	中压过热蒸汽产量	t/h	17.6	16.3	19.6	
8	低压过热蒸汽压力	MPa(G)	0.42	0.42	0.42	

续表

序号	名称	单位	设计工况	校核工况1	校核工况2	备注
9	低压过热蒸汽温度	℃	205	205	205	
10	低压过热蒸汽产量	t/h	3	3.2	3	
11	锅炉排污率	%	1	1	1	
12	给水温度	℃	157.4	157.4	157.4	
13	冷凝水温度	℃	40	40	40	
14	锅炉排烟温度	℃	116	118	115	
15	锅炉烟气阻力	Pa	1500	1485	1620	
16	余热锅炉效率(按余热利用率计算)	%	77.65	76.22	78.80	

本工程2台UGT6000型燃气轮机发电机组配置1台双压立式余热锅炉，锅炉布置在涠洲终端厂区二平台临近燃气轮机发电机组区域，余热锅炉的设计能满足2台燃气轮机或单台燃气轮机运行工况时的出力要求。UGT6000型燃气轮机配套余热锅炉技术参数如表3-5所示。

表3-5 UGT6000型燃气轮机配套余热锅炉技术参数

序号	名称	单位	设计工况	校核工况1	校核工况2	备注
1	燃气轮机运行台数	台	2	2	2	
2	环境温度	℃	28	28	28	
3	烟气流量	t/h	174.24	168.48	177.12	
4	锅炉进口烟气温度	℃	440	420	454	
5	中压过热蒸汽压力	MPa(G)	2.5	2.5	2.5	
6	中压过热蒸汽温度	℃	424	407	435	
7	中压过热蒸汽产量	t/h	15.7	14.0	16.9	
8	低压过热蒸汽压力	MPa(G)	0.42	0.42	0.42	
9	低压过热蒸汽温度	℃	205	204.5	205	
10	低压过热蒸汽产量	t/h	3.1	3.2	3.1	
11	锅炉排污率	%	1	1	1	
12	给水温度	℃	157.4	157.4	157.4	
13	冷凝水温度	℃	40	40	40	
14	锅炉排烟温度	℃	118	119	118	
15	锅炉烟气阻力	Pa	1500	1430	1560	
16	余热锅炉效率(按余热利用率计算)	%	75.73	74.23	76.83	

汽轮机技术参数如表3-6所示，调节保安、润滑系统技术参数如表3-7所示，发电机主要技术参数如表3-8所示。

表 3-6 汽轮机技术参数

名称	单位	数据
产品型号		BN10-2.4/0.2
额定功率	kW	10000
额定转速	r/min	3000
旋转方向		顺时针(顺汽流)
额定进汽压力及变化范围	MPa	2.4+(0.2～0.3)(绝对压力)
额定进汽温度及变化范围	℃	420+(10～15)
额定进汽量	t/h	40.5
设计工况进汽量	t/h	32.6
补汽压力	MPa	0.42
补汽温度	℃	195
补汽量	t/h	6
设计工况发电量	MW	8.45
冷却水温度 正常	℃	27
冷却水温度 最高	℃	33
额定排汽压力	MPa	0.007(绝对压力)
给水温度	℃	39
临界转速	r/min	约 1328/5166
额定转速时轴承座振动值(全振幅)	mm	≤0.025
临界转速时轴承座振动值(全振幅)	mm	≤0.15
转动惯量	kg·m^2	约 898
汽轮机本体质量	t	约 60
汽轮机安装时最大件质量	t	约 20
汽轮机检修时最大件质量	t	约 20
转子质量		6.933
汽轮机外形尺寸(运行平台以上)	m	5.520×4.326×2.76(长×宽×高)
汽轮机中心标高(距运行平台)	m	0.75
盘车停止时气缸最高温度	℃	150
盘车停止时转子最高温度	℃	150
最小起吊高度	m	6
盘车转速	r/min	约 9

表 3-7 调节保安、润滑系统技术参数

名称	单位	技术参数
转速摆动值	r/min	≤15
转速不等率	%	3~5
调速迟缓率	%	0.1
调节器调速范围	r/min	0~3180(可调)
主油泵压增	MPa	1.1
电调超速保护	r/min	3270
危急遮断器动作转速	r/min	3300~3360
仪表超速保护	r/min	3390
轴向位移保安装置动作时转子相对位移值	mm	1.0
高压油动机行程	mm	85
润滑油压	MPa	0.08~0.12
汽轮机油牌号		L-TSA46

表 3-8 发电机主要技术参数

名称	单位	技术参数	备注
发电机型号		QFW-10-2	
额定功率	MW	10	
额定电压	kV	6.3	
频率	Hz	50	
额定转速	r/min	3000	
功率因数		0.8	
相数		3	
励磁方式		无刷励磁	
旋转方向		顺时针	同汽轮机旋转方向
极对数		1	
接法		Y	
绝缘等级		F级	
温升等级		B级	
噪声等级	dB(A)	≤90	
效率		≥96.7%	
冷却方式		空-水冷却	
冷却水量	t/h	100	
使用环境		室内	

续表

名称	单位	技术参数	备注
发电机最大起吊质量	t	17	
制造厂		卧龙电气南阳防爆集团股份有限公司	

3.4 总图方案

3.4.1 平面布置

平面布置主要根据生产工艺流程要求，本着方便管理、检修，工艺流程合理，不影响涠洲终端发电厂现有布局的原则，同时兼顾安全、防火、环保等要求进行。

在四台 Typhoon 73 型燃气轮机发电机组的尾部布置四套三通挡板阀及一台余热锅炉，在现有两台 UGT6000 型燃气轮机发电机组的上部布置一台余热锅炉。在西北角布置主厂房、化水间循环水泵房以及冷却塔。

（1）一台 Typhoon 73 型燃气轮机配套的余热锅炉

一台 Typhoon 73 型燃气轮机配套的余热锅炉在四台燃气轮机之间居中布置，在原有的烟囱位置加装三通挡板阀。每台余热锅炉的中低压电动给水泵就地布置。

（2）两台 UGT6000 型燃气轮机发电机组配套的余热锅炉

燃气轮机发电机组控制间总体布置在东南角，每台燃气轮机发电机组的辅助设备，如滑油冷却器、各种撬体就地布置。由于场地较紧张，因此，这两台燃气轮机配套的余热锅炉直接从上部搭平台接出，不另加三通挡板阀。

（3）主厂房

主厂房宽 20m（其中主跨 12m，辅跨 8m），长为 42m，分为 9 跨。纵向布置一台 BN10-2.4/0.2+QFW-10-2 汽轮发电机组，运转层为 8m。东侧一跨 0m 层布置厂用变压器、高低压配电柜；4.3m 层为电缆夹层；7m 层设集中控制室。

（4）化水间

化水间尺寸大小为 22.5m×8m，内部布置清水泵、反洗水泵、除盐水泵等。

（5）冷却塔和循环水泵房

在主厂房西侧建设两台机力通风冷却塔（$2 \times 1800 m^3 / h$），总长约 24.4m、宽 12.2m，在冷却塔和主厂房中间位置布置循环水泵房，循环水泵房为 25.2m×6m，内设四台循环水泵。

3.4.2 竖向布置及排水

主厂房等室内标高为±35.42m，室外场地平整标高为-0.30m，室内外高差0.30m。

本项目竖向设计按平坡式布置。为了保证场地有较好的排水条件，场地平整坡度为1%。

3.4.3 运输

为了便于汽车运输和厂区整齐美观，厂区道路按生产系统和功能布置环状路网。充分利用原有的道路运输，新设计道路宽为6m，按汽-20级设计，采用混凝土路面，道路转弯半径为9m，结构为C30混凝土面层，厚230mm，级配碎石基层厚250mm。

3.4.4 管线布置

燃气轮机余热利用发电项目管线布置以架空为主，地下敷设为辅，根据总图布置，对本项目管线进行综合布置，力求紧凑合理，最大限度节约用地，根据不同管线的输送介质温度和用途不同，设计尽量使管线和管线之间、管线与建筑物之间做到短捷、顺直、集中、安全。

中、低压蒸汽以及中、低压锅炉给水利用同一管廊。本次燃气轮机余热发电项目所需的生产水和消防水从原有设施处接出。

3.4.5 主厂房布置

主厂房布置汽机间以及辅助间。纵向柱距为6m，全长42m。汽机间跨距12m，汽轮发电机组采用纵向布置。汽机0m层布置凝汽器、凝结水泵、冷油器、高压油泵及润滑油泵、射水泵以及射水箱等。3.4m层平台上布置轴封冷却器。运转层标高为7m，设一台16/3t电动双钩桥式起重机，起重机轨顶标高14.7m，屋架下弦标高17.3m，汽机检修场地设在0m层，约84m²，可满足汽轮机组检修之用。辅助间跨距8m，分三层布置，0m层为厂用配电室，4.0m层为管道层。运转层标高7m，布置集中控制室以及电子设备间。

3.5 主要设备

3.5.1 汽轮机组

3.5.1.1 汽轮机组分类

汽轮机是能将蒸汽热能转化为机械能的外燃回转式机械。来自锅炉的蒸汽进入汽轮机后，依次经过一系列环形配置的喷嘴和动叶，将蒸汽的热能转化为汽轮机转子旋转的机械能。蒸汽在汽轮机中以不同方式进行能量转换，便构成了不同工作原理的汽轮机。

汽轮机种类很多，根据结构、工作原理、热力特性、蒸汽参数、用途、气缸数目的不同有多种分类方法。

(1) 按结构分类

汽轮机按照结构可分为：单级汽轮机和多级汽轮机；各级装在一个气缸内的单缸汽轮机和各级分装在几个气缸内的多缸汽轮机；各级装在一根轴上的单轴汽轮机和各级装在两根平行轴上的双轴汽轮机等。

(2) 按工作原理分类

汽轮机按照工作原理分为冲动式汽轮机和反动式汽轮机。

① 冲动式汽轮机蒸汽主要在静叶中膨胀，在动叶中只有少量的膨胀。

② 反动式汽轮机蒸汽在静叶和动叶中膨胀，而且膨胀程度相同。

由于反动级不能作成部分进汽，因此第一级调节级通常采用单列冲动级或双列速度级。如中国引进美国西屋（WH）技术生产的300MW、600MW机组。

冲动式汽轮机为隔板型，如国产的300MW高中压合缸汽轮机；反动式汽轮机为转鼓型（或筒型），如上海汽轮机厂引进的300MW、600MW汽轮机。

(3) 按热力特性分类

汽轮机按照热力特性可分为凝汽式、供热式、背压式、抽汽式和饱和蒸汽式等类型。凝汽式汽轮机排出的蒸汽流入凝汽器，排汽压力低于大气压力，因此具有良好的热力性能，是最为常用的一种汽轮机；供热式汽轮机既提供动力驱动发电机或其他机械，又提供生产或生活用热，具有较高的热能利用率；背压式汽轮机是排汽压力大于大气压力的汽轮机；抽汽式汽轮机是能从中间级抽出蒸汽供热的汽轮机；饱和蒸汽式汽轮机是以饱和状态的蒸汽作为新蒸汽的汽轮机。

① 背压式汽轮机　是将汽轮机的排汽供热用户使用的汽轮机，这种机组的主要特点是设计工况下的经济性好，节能效果明显。另外，它的结构简单，投资省，运行可靠。其主要缺点是发电量取决于供热量，不能独立调节来同时满足热用户和电用户的需要。因此，背压式汽轮机多用于热负荷全年稳定的企业自备电站或有稳定的基本热负荷的区域性热电站。

② 抽汽背压式汽轮机　是从汽轮机的中间级抽取部分蒸汽供给需要较高压力等级的热用户，同时保持一定背压的汽轮机排汽供给需要较低压力等级的热用户使用的汽轮机。这种汽轮机的经济性与背压式机组相似，设计工况下的经济性好，但对负荷变化的适应性差。

③ 抽汽凝汽式汽轮机　是从汽轮机中间级抽出部分蒸汽供热用户使用的凝汽式汽轮机。这种机组的主要特点是当热用户所需的蒸汽负荷突然降低时，多余蒸汽可以经过汽轮机抽汽点后的级继续膨胀发电。这种机组的优点是灵活性较

大，能够在较大范围内同时满足热负荷和电负荷的需要。因此，这种汽轮机适用于负荷变化幅度较大、变化频繁的区域性热电站中。它的缺点是热经济性比背压式汽轮机组差，而且辅机较多，价格较贵，系统也较复杂。

④ 凝汽式汽轮机　是单纯用于发电的汽轮机。它的优点是可以同时满足不同时间的热电负荷的需要，适用于有廉价燃料资源或有大量烟气余热可利用的场合。它的缺点是热经济性比抽汽凝汽式机组差，而且辅机较多，价格较贵，系统也较复杂。特别是它只能单纯用于发电，因此供热需从锅炉直接引蒸汽降温降压后实现。

⑤ 补汽凝汽式汽轮机　是在凝汽式汽轮机的中间某个位置开一个口子，将低压蒸汽从外部引入汽轮机，与原有的蒸汽合并做功，最后排入凝汽器并凝结成水。

不同类型汽轮发电机组热效率见图 3-1。

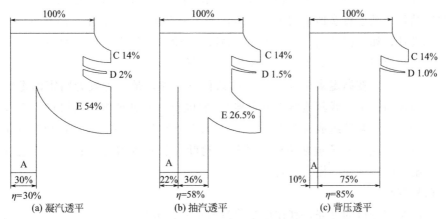

图 3-1　不同类型汽轮发电机组热效率
A—发电量；C—排烟损失；D—电气及机械损失；E—凝汽损失

（4）按蒸汽参数（压力和温度）分类

① 低压汽轮机　主蒸汽压力小于 1.47MPa。

② 中压汽轮机　主蒸汽压力在 1.96～3.92MPa。

③ 高压汽轮机　主蒸汽压力在 5.88～9.8MPa。

④ 超高压汽轮机　主蒸汽压力在 11.77～13.93MPa。

⑤ 亚临界压力汽轮机　主蒸汽压力在 15.69～17.65MPa。

⑥ 超临界压力汽轮机　主蒸汽压力大于 22.15MPa。

⑦ 超超临界压力汽轮机　主蒸汽压力大于 32MPa。

（5）按用途分类

汽轮机按用途可分为电站汽轮机、工业汽轮机、船用汽轮机等。

(6) 按气缸数目分类

汽轮机按气缸数目可分为单缸汽轮机、双缸汽轮机和多缸汽轮机。

涠洲终端 Typhoon 73 型燃气轮机和 UGT6000 型燃气轮机多数情况下烟气温度在 450℃ 以下，为了最大限度利用燃气轮机烟气余热，余热锅炉采用双压余热锅炉，以便能够梯级利用燃气轮机排出烟气的能量。因此，汽轮发电机组亦选用双压汽轮发电机组，即补汽式汽轮发电机组，与双压余热锅炉相匹配。

另外，涠洲终端发电厂不需要供热，因此不需要选择背压式或者抽汽凝汽式汽轮发电机组。

综合以上因素，涠洲终端汽轮发电机组选择补汽凝汽式汽轮发电机组。

3.5.1.2 汽轮机组结构

由于冶金技术的不断发展，汽轮机结构也有了很大改进。大机组普遍采用高中压合缸的双层结构，高中压转子采用一根转子结构，高、中、低压转子全部采用整锻结构，轴承较多地采用可倾瓦结构。各国都在进行大容量、高参数机组的开发和设计，如：俄罗斯正在开发 2000MW 汽轮机；日本正在开发一种新的合金材料，将使高、中、低压转子一体化成为可能。

汽轮机通常在高温高压及高转速的条件下工作，是一种较为精密的重型机械，一般须与锅炉（或其他蒸汽发生器）、发电机（或其他被驱动机械）以及凝汽器、加热器、泵等组成成套设备，一起协调配合工作。它由转动部分和静止部分两个方面组成。转子包括主轴、叶轮、动叶片和联轴器等。静子包括进汽部分、气缸、隔板和静叶栅、气封及轴承等。

(1) 气缸

气缸是汽轮机的外壳，其作用是将汽轮机的通流部分与大气隔开，形成封闭的汽室，保证蒸汽在汽轮机内部完成能量的转换过程，气缸内安装着喷嘴室、隔板、隔板套等零部件；气缸外连接着进汽、排汽、抽汽等管道。

气缸的高、中压段一般采用合金钢或碳钢铸造结构，低压段可根据容量和结构要求，采用铸造结构或由简单铸件、型钢及钢板焊接的焊接结构。

高压缸有单层缸和双层缸两种形式。单层缸多用于中低参数的汽轮机。双层缸适用于参数相对较高的汽轮机。高压缸分为高压内缸和高压外缸。高压内缸由水平中分面分开，形成上、下缸，内缸支承在外缸的水平中分面上。高压外缸由前后共四个"猫爪"支承在前轴承箱上。"猫爪"由下缸一起铸出，位于下缸的上部，这样使支承点保持在水平中心线上。

中压缸由中压内缸和中压外缸组成。中压内缸在水平中分面上分开，形成上、下缸，内缸支撑在外缸的水平中分面上，采用在外缸上加工出来的一外凸台和在内缸上的一个环形槽相互配合，保持内缸在轴向的位置。中压外缸由水平中分面分开，形成上、下缸。中压外缸也以前后两对"猫爪"分别支承在中轴承箱和 1 号低压缸的前轴承箱上。

低压缸为反向分流式，每个低压缸由一个外缸和两个内缸组成，全部由板件焊接而成。气缸的上半和下半均在垂直方向被分为三个部分，但在安装时，上缸垂直结合面已用螺栓连成一体，因此气缸上半可作为一个零件起吊。低压外缸由裙式台板支撑，此台板与气缸下半制成一体，并沿气缸下半向两端延伸。低压内缸支撑在外缸上。每块裙式台板分别安装在被灌浆固定的基础台板上。低压缸的位置由裙式台板和基础台板之间的滑销固定。

气缸示意图如图 3-2 所示。

图 3-2　气缸示意图

（2）转子

转子是由合金钢锻件整体加工出来的。在高压转子调速器端用刚性联轴器与一根长轴连接，此轴上装有主油泵和超速跳闸结构。

所有转子都被精加工，并且在装配上所有的叶片后，进行全速转动试验和精确动平衡。

① 套装转子　叶轮、轴封套、联轴节等部件都是分别加工后热套在阶梯型主轴上的。各部件与主轴之间采用过盈配合，以防止叶轮等因离心力及温差作用引起松动，并用键传递力矩。中低压汽轮机的转子和高压汽轮机的低压转子常采用套装结构。套装转子在高温下，叶轮与主轴易发生松动，所以不宜作为高温汽轮机的高压转子。

② 整锻转子　叶轮、轴封套、联轴节等部件与主轴是由一整锻件削成的，无热套部分，这解决了高温下叶轮与轴连接容易松动的问题。这种转子常用作大型汽轮机的高、中压转子。这种转子结构紧凑，对启动和变工况适应性强，宜于高温下运行，刚性好，但是锻件大，加工工艺要求高，加工周期长，大锻件质量难以保证。

③ 焊接转子　汽轮机低压转子质量大，承受的离心力大，采用套装转子时

叶轮内孔在运行时将发生较大的弹性形变，因而需要设计较大的装配过盈量，但这会引起很大的装配应力，若采用整锻转子，质量难以保证，所以采用分段锻造、焊接组合的焊接转子。它主要由若干个叶轮与端轴拼合焊接而成。焊接转子质量轻，锻件小，结构紧凑，承载能力高。与尺寸相同、有中心孔的整锻转子相比，焊接转子强度高，刚性好，质量轻，但对焊接性能要求高，这种转子的应用受焊接工艺及检验方法和材料种类的限制。

④ 组合转子　由整锻结构、套装结构组合而成，兼有两种转子的优点。

转子示意图如图 3-3 所示。

图 3-3　转子示意图

（3）联轴器

联轴器用来连接汽轮机各个转子以及发电机转子，并将汽轮机的转矩传给发电机。现代汽轮机常用的联轴器有三种形式：刚性联轴器、半挠性联轴器和挠性联轴器。

① 刚性联轴器　这种联轴器结构简单，尺寸小，工作不需要润滑，没有噪声；但是传递振动和轴向位移，对中性要求高。

② 半挠性联轴器　右侧联轴器与主轴锻成一体，而左侧联轴器用热套加双键套装在相对的轴端上。两对轮之间用波形半挠性套筒连接起来，并用两螺栓进行紧固。波形套筒在扭转方向是刚性的，在变曲方向是挠性的。这种联轴器主要用于汽轮机和发电机之间，补偿轴承之间抽真空、温差、充氢引起的标高差，可减少振动的相互干扰，对中性要求低，常用于中等容量机组。

③ 挠性联轴器　挠性联轴器通常有两种形式：齿轮式和蛇形弹簧式。这种联轴器可以减弱或消除振动的传递，对中性要求不高，但是运行过程中需要润滑，并且制作复杂，成本较高。

（4）叶片

汽轮机叶片一般由叶型、叶根和叶顶三个部分组成。叶片包括静叶片和动叶片。隔板用于固定静叶片，并将气缸分成若干个汽室。动叶片安装在转子叶轮或转鼓上，接收喷嘴叶栅射出的高速气流，把蒸汽的动能转换成机械能，使转子旋转。

① 叶型　叶型是叶片的工作部分，相邻叶片的叶型部分之间构成气流通道，蒸汽流过时将动能转换成机械能。按叶型部分横截面的变化规律，叶片可以分为等截面直叶片和弯扭叶片。

a. 等截面直叶片　断面型线和面积沿叶高是相同的，加工方便，制造成本较低，有利于在部分级实现叶型通用，但是气动性能差，主要用于短叶片。

b. 弯扭叶片　截面型心的连线连续发生扭转，可很好地减小长叶片的叶型损失，具有良好的波动特性及强度，但制造工艺复杂，主要用于长叶片。

② 叶根　叶根是将叶片固定在叶轮或转鼓上的连接部分。它应保证在任何运行条件下的连接牢固，同时力求制造简单、装配方便。

a. T形叶根　加工装配方便，多用于中长叶片。

b. 菌形叶根　强度高，在大型机上得到广泛应用。

c. 叉形叶根　加工简单，装配方便，强度高，适应性好。

d. 枞树形叶根　叶根承载能力大，强度适应性好，拆装方便，但加工复杂，精度要求高，主要用于载荷较大的叶片。

汽轮机的短叶片和中长叶片通常在叶顶用围带连在一起，构成叶片组。长叶片则在叶身中部用拉筋连接成组，或者成为自由叶片。围带的作用是增加叶片刚性，改变叶片的自振频率，以避开共振，从而提高叶片的振动安全性；减小气流产生的弯应力；可使叶片构成封闭通道，并可装配围带气封，减小叶片顶部的漏气损失。拉筋的作用是增加叶片的刚性，以改善其振动特性。但是拉筋增加了蒸汽流动损失，同时拉筋还会削弱叶片的强度，因此在满足叶片振动要求的情况下，应尽量避免采用拉筋，有的长叶片就设计成自由叶片。

叶轮和叶片结构示意图如图 3-4 所示。

（5）气封

转子和静子之间的间隙会漏气，这不仅会降低机组效率，还会影响机组安全运行。为了防止蒸汽泄漏和空气漏入，需要有密封装置，该装置通常称为气封。

气封按安装位置不同，分为通流部分气封、隔板气封、轴端气封。

（6）轴承

轴承是汽轮机一个重要的组成部分，分为径向支撑轴承和推力轴承两种类型，它们用来承受转子的全部重力并且确定转子在气缸中的正确位置。轴承包括多油楔轴承、圆

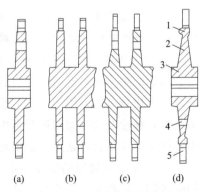

图 3-4　叶轮和叶片结构示意图
1—轮缘；2—轮体；3—轮壳；
4—平衡孔；5—叶片

轴承、椭圆轴承、可倾瓦轴承和推力轴承。

3.5.1.3 汽轮机组常见故障

在汽轮机运行过程中，汽轮机渗漏和气缸变形是最为常见的设备问题。气缸结合面的严密性直接影响机组的安全经济运行，检修研刮气缸的结合面，使其达到严密，是气缸检修的重要工作。在处理结合面漏气的过程中，要仔细分析形成的原因，根据变形的程度和间隙的大小，可以综合运用各种方法，以达到结合面严密的要求。

(1) 气缸漏气的原因

① 气缸是铸造而成的，气缸出厂后都要经过时效处理，就是要存放一些时间，使气缸在铸造过程中所产生的内应力完全消除。如果时效时间短，那么加工好的气缸在以后的运行中还会变形，这就是为什么有的气缸在第一次泄漏处理后在以后的运行中还有漏气发生。因为气缸还在不断的变形。

② 气缸在运行时受力的情况很复杂，除了受气缸内外气体的压力差和装在其中的各零部件的重量等静载荷外，还要承受蒸汽流出静叶时对静止部分的反作用力，以及各种连接管道冷热状态下的作用力，在这些力的相互作用下，气缸发生塑性变形造成泄漏。

③ 气缸的负荷增减过快，特别是快速启动、停机和工况变化时温度变化大、暖缸的方式不正确、停机检修时打开保温层过早等，在气缸中和法兰上产生很大的热应力和热变形。

④ 气缸在机械加工的过程中或经过补焊后产生了应力，但没有对气缸进行回火处理加以消除，致使气缸存在较大的残余应力，在运行中产生永久的变形。

⑤ 在安装或检修的过程中，由于检修工艺和检修技术的原因，使内缸、气缸隔板、隔板套及气封套的膨胀间隙不合适，或是挂耳压板的膨胀间隙不合适，运行后产生巨大的膨胀力使气缸变形。

⑥ 使用的气缸密封剂质量不好、杂质过多或是型号不对；气缸密封剂内若有坚硬的杂质颗粒就会使密封面难以紧密地结合。

⑦ 气缸螺栓的紧力不足或是螺栓的材质不合格。气缸结合面的严密性主要是靠螺栓的紧力来实现的。机组启停或增减负荷时产生的热应力和高温会造成螺栓的应力松弛，如果应力不足，螺栓的预紧力就会逐渐减小。如果气缸的螺栓材质不好，螺栓在长时间的运行当中，在热应力和气缸膨胀力的作用下被拉长，发生塑性变形或断裂，紧力就会不足，使气缸发生泄漏的现象。

⑧ 气缸螺栓紧固的顺序不正确。一般的气缸螺栓在紧固时是从中间向两边同时紧固，也就是从垂弧最大处或是受力变形最大的地方开始紧固，这样就会把变形最大处的间隙向气缸前后的自由端转移，最后间隙渐渐消失。如果是从两边向中间紧，间隙就会集中于中部，气缸结合面形成弓形间隙，引起蒸汽泄漏。

(2) 气缸变形的原因

气缸变形与气缸壁及法兰金属的厚度和结构尺寸有关，与启停工况时投入法兰、螺栓加热的操作有关，与气缸的保温情况也有一定的关系，还与制造过程有关。由于气缸铸造时的时效问题，以及复杂的受力情况，气缸变形是不可避免的问题，通常会表现为气缸出现内张口或外张口的情况，而且低压缸更容易出现这个问题。出现此问题后，应避免采用开槽等破坏性的修复手法，目前西方国家应用比较成熟的技术是采用德国西门子能源事业部采用的高温平面密封剂修复技术对变形的结合面间隙进行直接修复。

3.5.1.4 涠洲终端汽轮机组

(1) 热力系统主要技术参数

型号：BN10-2.4/0.42

额定转速：3000r/min

主汽门前蒸汽压力：2.4MPa

主汽门前蒸汽温度：420℃

额定进汽量：40.5t/h

补汽压力：0.42MPa

补汽温度：195℃

补汽流量：6t/h

额定功率：10000kW

循环水温度：27～33℃

额定排汽压力：0.0007MPa

给水温度：130℃

旋转方向：顺时针（从汽轮机向发电机方向看）

汽轮机转子临界转速：约1328/5166 r/min

额定转速时轴承座振动值（全振幅）：≤0.025mm

临界转速时轴承座振动值（全振幅）：≤0.15 mm

制造商：青岛捷能汽轮机集团股份有限公司

(2) 汽轮发电机主要技术参数

发电机型号：QFW-10-2

额定功率：10MW

额定电压：6.3kV

电流：1145.6A

频率：50Hz

额定转速：3000r/min

功率因数：0.8

相数：3

极数：2

定子线圈接法：Y

效率（保证值）：≥96.7%

励磁方式：无刷励磁

冷却方式：空气-水冷却

冷却水量：100t/h

发电机最大起吊质量：17t

发电机检修件最大起吊质量：7.3t

制造商：卧龙电气南阳防爆集团股份有限公司

（3）发电机空气冷却器（四组）

换热量：450kW

水量：100t/h

风量：11 m^3/s

进水温度：≤33℃

出风温度：≤40℃

风压降：230Pa

工作压力：0.20MPa

水阻压降：0.08MPa

（4）调节保安、润滑油系统

本机采用的是数字电-液控制系统（DEH控制系统），主要由数字式调节控制系统、电液转换器、液压伺服机构、调节汽阀等组成。

本机的保安系统采用冗余保护，除了传统的机械-液压式保安装置外，增加电调装置、仪表监视系统的电气保护，保安系统主要由危急遮断器、危急遮断油门、超速电磁阀、主汽门、TSI汽轮机仪表监控系统、电调节器超速保护等组成。

润滑油系统不仅为汽轮发电机的支持轴承、推力轴承和盘车装置提供润滑油，还为机械超速装置及注油试验提供动力油。主机润滑油系统由主油泵、主油箱、冷油器、滤油器、高压电动油泵、交流辅助油泵、交流事故油泵、排油烟风机和盘车装置组成。

① 汽轮机调节保安系统功能概述　汽轮机采用由数字电-液控制系统实现的控制方式，并网前对汽轮机进行转速控制，在并网后对汽轮机进行负荷控制。DEH控制系统的基本自动控制功能是汽轮机的转速控制和负荷控制功能。

在DEH控制系统控制下可进行电超速保护试验、机械超速保护试验，该系统具有超速保护功能。

② DEH控制系统主要功能　DEH控制系统主要功能包括转速控制、负荷

控制和超速保护。

③ 主要技术参数

主油泵进口油压：0.1MPa

主油泵压增：1.1MPa

转速摆动值：≤15r/min

转速不等率：3%～5%

调速迟缓率：0.15%

调节器调速范围：0～3180r/min

危急遮断器动作转速：3300～3360r/min

电调超速保护值（跳闸）：3270r/min

仪表超速保护：3390r/min

转子轴向位移报警值：+0.4～-0.4mm

转子轴向位移停机值：+0.7～-0.7mm

胀差报警值：+2～-1mm

胀差停机值：+3～-2mm

汽轮机前、后轴承座振动报警值：0.05mm

汽轮机前、后轴承座振动停机值：0.07mm

发电机前、后轴承振动报警值：0.05mm

发电机前、后轴承振动停机值：0.07mm

汽轮机前、后轴相对振动报警值：0.16mm

汽轮机前、后轴相对振动停机值：0.25mm

发电机前、后轴相对振动报警值：0.16mm

发电机前、后轴相对振动停机值：0.25mm

润滑油压正常值：0.08～0.12MPa

冷油器出口温度：40～45℃

润滑油管压力低报警值：0.55MPa

润滑油压低联动交流油泵值：0.04MPa

润滑油压低联动交流事故油泵值：0.03MPa

润滑油总管压力低停机值：0.02MPa

润滑油压低停盘车值：0.015MPa

保安油压：1.2MPa

保安油压低停机值：≤0.5MPa

高压油管油压低联动启动油泵值：≤0.95MPa

一路脉冲油压正常值：0.15～0.45MPa

EH系统工作油压：10～14MPa

轴承回油温度高报警值：65℃

轴承回油温度高停机值：70℃
轴瓦温度报警值：85℃
轴瓦温度停机值：100℃
排汽室压力报警值：0.017MPa（A）
排汽室压力停机值：0.041MPa（A）
油箱油位最高值：+100mm
油箱油位最低值：-350mm
盘车转速：9r/min
调节控制系统型式：DEH

3.5.2　余热锅炉

锅炉是利用燃料的热能或工业生产中的余热，将工质加热到一定温度和压力的换热设备。炉内主要能量转换形式如下：

$$燃料的化学能 \xrightarrow{燃烧} 烟气的热能 \xrightarrow{热交换} 蒸汽（或热水）的热能$$

余热锅炉就是利用燃气轮机排出烟气的热量，或者其他原动机、生产工艺过程排出烟气的热量，来加热水产生蒸汽的设备，也称为"余热回收蒸汽发生器（HRSG）"。

3.5.2.1　余热锅炉的分类

与燃气轮机配套的余热锅炉型式非常多，其蒸汽压力、蒸汽温度、蒸汽流量主要根据余热利用方式、生产工艺需求以及燃气轮机烟气参数来确定。余热锅炉型式主要采用如下四种方式进行划分：

（1）按汽水循环方式划分

余热锅炉按汽水循环方式划分，可分为强制循环余热锅炉和自然循环余热锅炉。

① 强制循环余热锅炉　从汽包下部出来的水经一台炉水循环泵加压后，进入蒸发器，是靠炉水循环泵产生的动力使水循环的，称为"强制循环余热锅炉"。其特点是：各受热面组件的管子基本是水平的，受热面之间沿高度方向布置，可节省地面的面积，并使出口处的烟囱高度缩短；但在运行中需要炉水循环泵，使运行复杂，增加维修费用。

② 自然循环余热锅炉　全部受热面组件的管子是垂直的。给水进入省煤器吸热后，进入汽包。汽包由下降管与蒸发器的下联箱相连，下降管位于烟道的外面，不吸收烟气的热量。汽包还与蒸发器上联箱相连，直立管簇吸收烟气热量。当水吸收烟气热量时就有部分水变成蒸汽，由于蒸汽的密度比水的密度要小得多，所以直立管内汽水混合物的平均密度要小于下降管中水的密度，两者的密度差是水循环的驱动力，这种余热锅炉称为"自然循环余热锅炉"。其特点是：省

去炉水循环泵,使运行和维护简单;但各受热面沿水平方向布置,占地面积大,在排烟处所需烟囱的高度较高。

(2) 按有无外加燃烧设备划分

余热锅炉按有无外加燃烧设备划分,可分为不带补燃型余热锅炉和带补燃型余热锅炉。

① 不带补燃型余热锅炉　该种型式的余热锅炉其蒸汽温度、蒸汽压力和产汽量均由烟气热量确定,不需额外的能量。目前,燃-蒸联合循环发电方式中,大多数余热锅炉为不带补燃型余热锅炉。

② 带补燃型余热锅炉　当燃气轮机烟气余热不足以提供足够满足生产工艺所需的热负荷,或者燃气轮机在低工况无法满足燃-蒸联合循环运行要求时,一般会给余热锅炉加装一个燃烧器,通过燃料的燃烧来提高余热锅炉的产能,以满足热负荷或者燃-蒸联合循环运行的要求。该种型式余热锅炉根据燃烧器的具体安装位置又划分为:内置式补燃型余热锅炉和外置式补燃型余热锅炉。

(3) 按布置方式划分

余热锅炉按布置方式划分,可分为立式余热锅炉和卧式余热锅炉。立式余热锅炉占地面积较小,卧式余热锅炉占地面积较大。

(4) 按压力种类划分

余热锅炉按压力种类划分,可分为单压余热锅炉、双压余热锅炉和多压余热锅炉。单压余热锅炉只产生一种压力等级的蒸汽,双压余热锅炉能够产生两种不同压力等级的蒸汽,多压余热锅炉能够产生多种不同压力等级的蒸汽。

3.5.2.2　余热锅炉的结构

余热锅炉由锅筒、活动烟罩、炉口段烟道、斜 1 段烟道、斜 2 段烟道、末 1 段烟道、末 2 段烟道、加料管(下料溜槽)、氧枪口、氮封装置及氮封塞、人孔、微差压取压装置、烟道支座和吊架等组成。余热锅炉共分为六个循环回路,每个循环回路由下降管和上升管组成,各段烟道给水从锅筒通过下降管引入各个烟道的下集箱后进入各受热面,水通过受热面后产生蒸汽进入进口集箱,再由上升管引入锅筒。各个烟道之间均用法兰连接。

(1) 锅筒

锅筒上开设有供酸洗、热工测量、水位计、给水、加药、连续排污、紧急放水、安全阀、空气阀等的管座,以及人孔装置等。锅筒设有两个弹簧安全阀;配置两个水位计,采用石英管式双色水位计,安全可靠,便于观察,指示正确。在锅筒进水管孔以及其他可能出现较大温差的管孔采用套管式管座,防止管孔附近因热疲劳而产生裂纹。锅筒内部装置设置有供汽水分离的分离装置,以及供锅炉给水、加药等的连接管。锅筒配置有两个支座,一个为固定支座,一个为活动支座。

(2) 活动烟罩

给水分配集箱由配水集箱和连接管组成。锅炉给水从锅筒引出由下降管引入给水集箱，为了使集箱各部位温度不出现偏差，给水分配集箱与下集箱进水采用多根分散下降管引入。

汇集集箱由出水集箱和连接管组成，为了使集箱各部位温度不出现偏差，汽水混合物由多根连接管引入出水集箱，再由上升管引入锅筒。

活动烟罩管组由上集箱、下集箱、管组组成，上、下集箱间用 180 根 $\phi 45 mm \times 5 mm$ 无缝钢管连接，管间用扁钢焊接组成下部烟罩。

由于工艺的原因，活动烟罩经常需要上下移动，活动烟罩和炉口段间就存在间隙，为防止高温烟气向外泄漏，在活动烟罩上部制作水封槽，采用水封的形式进行密封，为防熔渣溅入密封槽，在密封槽端部设置有挡渣板，为便于清理水箱中的杂物，在水封槽上还开设有清理手孔。

(3) 烟道

烟道由分配集箱、下集箱、管组、上集箱组成。

锅炉给水从锅筒引入分配集箱，为了使集箱各部位温度不出现偏差，分配集箱与下集箱进水采用分散下降管引入，水进入下集箱后分散进入 132 根 $\phi 42 mm \times 4 mm$ 无缝钢管和 6mm 厚扁钢组成的节圆为 $\phi 2400 mm$ 的圆形烟道受热面，然后产生的汽水混合物进入上集箱，由上升管引入锅筒。

为使集箱避开火焰区，管束底部为 U 形弯管，炉口段烟道与水平面的夹角为 55°。为了防止烟道发生变形，在烟道上适当位置设置有加固环。为了方便检修，在烟道上还设有人孔。集箱、管子材质均为 20 钢（GB 3087—2008）。

(4) 氧枪口

在炉口段烟道上设有氧枪口，氧枪口由管束、上下集箱组成，由于此处温度较高，为防止入口处结构变形，均采用了可卸式水冷套结构，氧枪入口处为防止烟气外喷，还设置氧枪口氮封装置（含氮封塞）。

(5) 下料管

在炉口段烟道上设有下料管，下料管由管束、上下集箱、防磨板组成。ZG系列针形管余热回收装置是专为烟气余热回收而设计的专用高效节能产品。采用针形管强化热元件扩展受热面，水管烟侧的受热面可大大增加，同时烟气流经针形管表面时形成强烈的紊流，起到提高传热效率和减少烟灰积聚的作用。该余热回收装置具有结构简单、热效率高、运行寿命长、安全可靠、维护方便等优点。

3.5.2.3 余热锅炉日常维护

① 用水位表观察水位，及时检修损坏的水位表。

② 压力表损坏、表盘不清应及时更换。

③ "跑、冒、滴、漏"的阀门及时检修或更换。

④ 绝热层、加强内衬层要完好无缺。

⑤ 每班应定期检查传动装置的灵活性及工作状况，要及时进行润滑，保证其正常工作。

⑥ 检查并维修风机、给水管道阀门、给水泵等。

⑦ 检查锅炉系统所有连接管道法兰等部位，必须严密不漏风。

⑧ 若引风机发生剧烈振动，应停车进行检查，一般是内部叶轮磨损所致，应予以调换。

⑨ 锅炉集箱底部地面上和受热管不可积水，以防止潮湿腐蚀底座。

⑩ 定期检查三通挡板阀阀门的轴端密封、主轴及电动装置运转情况并及时排除故障。

⑪ 经常检查锅炉汽压、水位、过热蒸汽产量和温度是否正常。

⑫ 检查全部的基础地脚螺栓有无松动。必须保证紧固，否则会造成振动。

⑬ 每班必须冲洗一次水位计。

⑭ 安全阀手动放汽或放水试验每周至少一次，自动放汽或放水试验每三个月至少一次。

⑮ 压力表正常运行时每周冲洗一次，存水弯管每半年至少校验一次，并在刻度盘上划指示工作压力红线，校验后铅封。

⑯ 高低水位报警器、低水位联锁装置、超压报警器、超温报警器、超压联锁装置每月至少做一次报警联锁试验。

⑰ 设备维修保养和安全附件试验校验情况，要做好详细记录，锅炉运行管理人员应定期抽查。

3.5.2.4 涠洲终端余热电站余热锅炉

（1）余热锅炉选型

用于布置即将新上的 UGT6000 型燃气轮机发电机组的区域较为紧张，地面除检修、维护用场地外，没有额外的空地用于布置余热锅炉；Typhoon 73 型燃气轮机发电机组区域，除检修、维护用场地外，排气尾部还预留有一定的空地，可用来布置三通挡板阀和余热锅炉。

由于 Typhoon 73 型燃气轮机在实际运行时是降工况运行，其排气温度为 405～420℃，而 UGT6000 型燃气轮机在现场工况下其排烟温度为 439℃，如采用单压余热锅炉，则锅炉排烟温度为 165～170℃，其余热能量利用率较低，因此，余热锅炉适宜选择双压立式余热锅炉以提高余热利用率。

因此，UGT6000 型燃气轮机配置的余热锅炉选择立式双压自然循环余热锅炉，该型余热锅炉占地面积小，能够布置在燃气轮机排气上方，不需要增加炉水循环泵和消耗其余燃料，整个设备和系统布置紧凑，不影响终端的运行、维护和检修，改造易于实施。

Typhoon 73 型燃气轮机配置的余热锅炉应选择立式双压自然循环余热锅炉，该型余热锅炉占地面积小。Typhoon 73 型燃气轮机发电机组现有场地能够满足三通挡板阀和余热锅炉的布置要求，不需要增加炉水循环泵和消耗其余燃料，整个设备和系统布置紧凑，不影响终端的运行、维护和检修，改造易于实施。

（2）双压自然循环余热锅炉的特点

涠洲终端余热电站采用余热高效回收及能量梯级利用技术的工艺流程及设备，技术水平达到国内先进水平。

余热锅炉采用先进设计理念，总体技术世界领先。余热锅炉分成两个部分，即中温中压段和低温低压段，高温烟气先与中温中压段受热面换热，再与低温低压段受热面换热，以充分利用烟气不同品位的能量，实现烟气热能的梯级利用。

双压蒸汽系统余热锅炉比单压蒸汽系统余热锅炉吸收的焓值更接近烟气的焓值，即烟气余热的回收利用率更高。双压蒸汽系统能更充分利用烟气各能级的热能，降低排烟温度，提高烟气余热的利用率。

（3）余热锅炉流程

涠洲终端余热电闸余热锅炉为立式烟道、双压、自除氧、水平螺旋翅片管强制循环水管锅炉。传热元件螺旋翅片管全部布置于立式烟道内。锅炉型号为：Q140/458-17.8(3.5)-2.5(0.42)/436(205)。

① 汽水流程　两台锅炉给水由凝结水泵从汽轮机冷凝器热井抽出，并经气封加热器加热后，接至余热锅炉凝水加热器，经凝水加热器加热后进入低压汽包（带除氧头，进行热力除氧），每台余热锅炉均由中压汽包、低压汽包、中压过热器、中压蒸发器、中压省煤器、低压过热器、低压蒸发器和凝水加热器等组成。低压汽包与低压蒸发器间采用强制循环，产生的汽水混合物送至低压汽包进行汽水分离，其中部分饱和水继续参加循环，饱和蒸汽经低压过热器加热后经母管送给汽轮发电机补汽发电用。每台锅炉中压给水由低压汽包提供，经给水泵加压后送到中压省煤器加热，然后进入中压汽包。中压汽包和中压蒸发器采用强制循环，产生的汽水混合物送至中压汽包进行汽水分离，其中的饱和水继续参加循环，饱和蒸汽送往中压过热器，继续加热产生中压过热蒸汽，中压过热蒸汽送至过热蒸汽母管供给汽轮发电机发电。

② 烟气流程　燃气轮机排出的高温烟气，通过电动三通挡板阀一路进入旁通烟囱，一路进入余热锅炉，其中三通挡板阀采用开、关两位控制。4 台西门子 Typhoon 73 机组配置 1 台立式余热锅炉（设计工况燃气轮机 3 开 1 备），2 台乌克兰 UGT6000 机组配置 1 台立式余热锅炉。

（4）余热锅炉附属设备

余热锅炉参数性能如表 3-9 所示。

表 3-9　余热锅炉参数性能

序号	名称		符号	单位	1#余热锅炉	2#余热锅炉
1	环境温度		t	℃	28	25
2	燃气轮机燃料		—	—	天然气	天然气
3	燃气轮机出口烟温		θ	℃	460	440
4	燃气轮机烟气流量		G_r	t/h	176.04	174.24
5	燃气轮机排气成分（体积分数）	N_2（含 Ar）	—	%	73.2	76.31
		O_2	—	%	13.8	15.65
		CO_2	—	%	2.9	2.42
		H_2O	—	%	10.1	5.62
6	高压过热蒸汽压力		P_{ne1}	MPa(G)	2.5	2.5
7	高压锅筒压力		P_{K1}	MPa(G)	2.7	2.7
8	高压过热蒸汽温度		t_{ne1}	℃	436±5	424±5
9	高压过热蒸汽产量		D_{ne1}	t/h	17.6	15.7
10	低压过热蒸汽压力		P_{ne2}	MPa(G)	0.42	0.42
11	低压锅筒压力		P_{K2}	MPa(G)	0.48	0.48
12	低压过热蒸汽温度		t_{ne2}	℃	205±10	205±10
13	低压过热蒸汽产量		D_{ne2}	t/h	3	3.1
14	锅炉排污率		ρ	%	1	1
15	给水温度		t_{nB}	℃	157.4	157.4
16	冷凝水温度		—	℃	40	40
17	锅炉排烟温度		θ_{yx}	℃	116.6	118.2
18	保热系数		Φ	—	0.97	0.97
19	锅炉余热利用率		η	%	77.65	75.73

① 中压过热器　中压过热器型式为双集箱水平螺旋翅片管受热面管组。螺旋翅片管和集箱焊接成受热面管组。管束错列布置，过热器入口集箱上设有饱和蒸汽管接头；在出口集箱上设有过热蒸汽导管、放空气管接头；过热器集箱设有过热蒸汽导管、安全阀、压力表、温度计、放空阀管座、充氮管接头、紧急排空管接头。过热器布置在高温烟气通道内。中压过热器参数如表 3-10 所示。

表 3-10　中压过热器参数

序号	名称	符号	单位	1#余热锅炉	2#余热锅炉
1	环境温度	t	℃	28	25
2	燃气轮机燃料	—	—	天然气	天然气
3	燃气轮机出口烟温	θ	℃	460	440
4	燃气轮机烟气流量	G_r	t/h	176.04	174.24
5	燃气轮机排气成分（体积分数） N_2(含 Ar)	—	%	73.2	76.31
5	燃气轮机排气成分（体积分数） O_2	—	%	13.8	15.65
5	燃气轮机排气成分（体积分数） CO_2	—	%	2.9	2.42
5	燃气轮机排气成分（体积分数） H_2O	—	%	10.1	5.62
6	高压过热蒸汽压力	P_{ne1}	MPa(G)	2.5	2.5
7	高压锅筒压力	P_{K1}	MPa(G)	2.7	2.7
8	高压过热蒸汽温度	t_{ne1}	℃	436±5	424±5
9	高压过热蒸汽产量	D_{ne1}	t/h	17.6	15.7
10	低压过热蒸汽压力	P_{ne2}	MPa(G)	0.42	0.42
11	低压锅筒压力	P_{K2}	MPa(G)	0.48	0.48
12	低压过热蒸汽温度	t_{ne2}	℃	205±10	205±10
13	低压过热蒸汽产量	D_{ne2}	t/h	3	3.1
14	锅炉排污率	ρ	%	1	1
15	给水温度	t_{nB}	℃	157.4	157.4

② 减温器　减温器采用锅炉的给水作为减温介质，一体化结构。

③ 中压蒸发器　中压蒸发器由错列的水平螺旋翅片管组成。设有定期排污管接头、排空气管接头。中压蒸发器置于中压过热器后的烟道内。

④ 中压省煤器　中压省煤器由水平螺旋翅片管组成。设有分配集箱、汇流集箱。分配集箱设有疏放水管接头；汇流集箱设有排空气管接头。给水在省煤器中与烟气进行叉流换热。中压省煤器置于低压过热器后的混合烟道内。

⑤ 中压锅筒　中压锅筒用于提供足够的水容量和汽水分离空间。中压锅筒设有下降管，接至循环泵入口和上升管。锅筒内部设有蒸汽分离装置，分别为水下孔板、百叶窗和均汽孔板，确保蒸汽品质。锅筒内部设有表面排污（连续排污）、磷酸盐溶液分配、给水分配装置。筒体上设置了双色水位计以及平衡容器接口；设置了给水、排污、加药接口；设置了安全阀接口；设置了必要的压力表、压力变送器、放空气、充氮保护等管接头；设置了饱和蒸汽引出管，将饱和

蒸汽引入过热器分配集箱。锅筒的给水管、加药管采用套管结构，以消除温差应力。锅筒的两端均设置人孔门。

⑥ 低压过热器　过热器为双集箱、螺旋翅片管受热面结构，采用顺列布置形式。过热器受热面为全疏水结构。受热面水平布置。过热蒸汽集箱设置了充氮、反冲洗管接头；为了便于锅炉的启动，集箱上还设置了启动排空管道、阀门。过热器布置在中压蒸发器后烟气通道内。

⑦ 低压蒸发器　蒸发器为双集箱、螺旋翅片管受热面结构。采用错列布置的受热面管。受热面水平布置。

低压蒸发器由错列的水平螺旋翅片管组成。蒸发器设有进水管、上升管、分配集箱及汇流集箱等。分配集箱设有定期排污管接头。分配集箱和受热面管材料均为 20 钢（GB3087），翅片材料为 08Al。低压蒸发器置于中压省煤器后的烟道内。

⑧ 低压锅筒　低压锅筒兼作除氧给水箱，提供足够的水容量和汽水分离空间。低压锅筒设有下降管，接至循环泵的入口和上升管。锅筒内部采用蒸汽分离装置，分别为水下孔板、百叶窗和均汽孔板，确保蒸汽品质。锅筒内部设有表面排污（连续排污）、磷酸盐溶液分配、出水收集装置。

筒体上设置了两组双色水位计以及供远传测量的平衡容器接口；设置了给水、排污、加药接口；设置了安全阀接口；设置了必要的压力表、压力变送器、放空气、充氮保护等管接头；设置了饱和蒸汽引出管，将大部分饱和蒸汽引入过热器出口集箱。在锅筒内经单级分离装置分离出来的小部分饱和蒸汽通过一根导管引入除氧器，对凝结水进行加热、除氧。筒体还设有给水泵再循环接口和放水接口。加药管采用套管结构，以消除温差应力。锅筒的两端都设置了人孔门。

⑨ 除氧器　除氧器、低压蒸发器以及低压锅筒共同构成了一体化除氧器。除氧器内部有雾化喷嘴和配水环管，中部采用不锈钢拉西环作为填料。除氧器设置了压力表、压力变送器、非凝结气体排除、安全阀、进水等接口。除氧器顶部设有人孔，以便对内部进行检查、维护。下部封头设有降水管和进汽管。降水管下端侵入除氧给水箱的水空间；进汽管与低压锅筒的汽空间相连。

⑩ 凝结水加热器　凝结水加热器由错列的水平螺旋翅片管组成。分配集箱设有疏放水管接头；汇流集箱设有排空气管接头。分配集箱和受热面管材料均为 20 钢（GB3087），翅片材料为 08Al。给水在凝水加热器中与烟气进行叉流换热。凝结水加热器同样为全疏水结构。凝结水加热器置于低压蒸发器后的烟道内，位于烟气流程的最末端。余热锅炉受压件包括中压部分和低压部分。中压部分包括中压过热器、中压蒸发器、中压省煤器、减温器、中压锅筒（含内件）以及必要的汽水管道、阀门。主要参数如下：

蒸汽流量：每台锅炉额定蒸发量 17.6t/h

蒸汽压力：2.5MPa

主蒸汽温度：(436±5)℃

汽包工作温度：262℃

汽包工作压力：2.7MPa

低压锅筒压力：0.48MPa

给水温度：157.4℃

排烟温度：约116.6℃

锅炉效率：77.6%

3.6 主要系统

3.6.1 热控专业

（1）简介

涠洲终端余热电站项目DCS系统为新华集团开发的XDC800系统。XDC800是新一代基于网络的自动化控制系统，是完美的体现第四代DCS特征的分散控制系统。以32位CPU组成的控制器XCU为核心，配置OnXDC可视化图形组态软件，构成各种规模过程控制系统的技术平台。可以根据不同工业现场环境要求灵活配置控制器、I/O模块、通信网络、以太网交换机、人机接口HMI站，构成环形网络结构或星形网络结构的DCS系统。

XDC800系统总体结构体现了分组、分层、分块的平台建设思想，将平台分为构件化的技术支持平台与面向对象的应用平台。分布式实时数据库在网络上共享，不需要配置服务器，不会产生服务器配置方式的DCS系统所存在的通信过程中的瓶颈问题。XDC800系统将以太网通信网络、现场总线通信网络集成，融合为过程控制系统的信息网络。系统配置了现场总线接口，支持多种标准的现场总线仪表、执行机构，还集成了PLC、RTU、FCS、各种多回路调节器、各种智能采集或控制单元等。

XDC800系统的控制器XCU、通信网络、现场I/O、HMI站、电源等多层面冗余结构确保系统在关键控制场合使用的可靠性。该系统具有高可靠性的硬件设计和内嵌专业化的控制算法，采用冗余的以太网通信网络和现场总线通信网络，适用于中大型控制工程项目，是面向整个生产过程的先进过程控制系统。

涠洲终端余热电站项目DCS系统包括DAS、SCS、MCS等控制功能。

（2）系统配置

控制器XCU接收工程师站ENG下载的控制策略组态信息，通过嵌入式的控制算法实现控制。XCU支持在线组态，包括参数整定、仿真、算法、策略的在线修改，不需要重新对整个控制算法进行编译、下载。大大方便了用户对组态的维护和系统的调试。

控制器将分别布置在电子设备间，通过交换机等网络设备与位于中控室的人机接口站进行通信。与控制机柜布置在一起的还有 DCS 电源分配柜和交换机柜。电源分配柜为控制器和人机接口 MMI 提供电源，交换机柜则为控制器和人机接口 MMI 提供通信工具。

① I/O 模块配置　XDC800 系统的 I/O 模块主要由 CPU、隔离器、A/D 或 D/A、放大器、过流/过压保护、模入变送器供电和开入查询电压、模件通信等组成。80 系列 I/O 模件分为常用输入输出模件、逻辑保护与回路控制模件、通信模件。

② 电源系统及接地　本工程 DCS 共配置 1 个电源分配柜和 1 个网络分配柜，用于单元机组 DCS 的供电。锅炉远程 I/O 模件的电源来自锅炉提供的配电柜。

电源分配柜和网络分配柜布置于电子设备间，用于分配用户提供的两路交流电源 [220V（AC）]（一路来自保安段，一路来自不停电电源 UPS）。通过其内部的分配、保护、开关回路将它们分配给所有的 DCS 设备：其中每个过程控制单元 DPU 接受相应侧电源分配柜来的两路交流电源，其内部的模块化电源以冗余的方式为柜内的所有模件及相应的现场变送器供电。而控制室内的人机接口、工程师站及相关辅助设备的供电通过电源切换箱实现两路电源的冗余切换，任何一路电源的故障均不会导致系统的任一部分失电，故不需为人机接口配置额外的 UPS。

机组的 DCS 系统，其接地较为简单。机柜已配有信号地和安全地接地铜排，采用信号地和安全地分开连接方式，最终以单点接地方式接入用户提供的接地网。对于远程 I/O，可采取就近接地原则，即只需在电厂现有的接地网中设一个独立的电极即可。XDC800 的接地点与其他强电设备的接地点距离应在 15m 以上，接地用的导线本身都有一定的阻抗，如接地电阻太大，就会降低系统的接地效果。为使 XDC800 系统能有可靠的环境，应确保接地电阻在 4Ω 以下。

③ 控制室/工程师室设备　本系统的人-机接口应包括操作员站、工程师站及相关辅助设施。余热锅炉和汽轮机组各有两台操作员站（一主一备），各有一台工程师站。以上设备均位于控制室。

④ 网络通信系统　XDC800 系统的重要特点之一是具有一套完整、可靠、开放的通信系统。通信设备采用快速以太网交换机，XDC800 的网络结构克服了服务器/客户机这种主从依赖关系的网络结构，采用的是单层的、点对点的、对等结构的、冗余的 100Mbit/s 的一体化的快速以太网，系统中不需要任何网关。

机组 DCS 系统配备了 1 对冗余交换机，用于单元机组控制器、操作员站、工程师站等的通信。

⑤ 软件　XDC800 系统为硬件设备提供了必需的软件，包括系统软件、应用软件和可选的控制优化软件。

(3) 汽轮机监视及仪表系统（TSI）

TSI 作为主机监视系统，对汽轮机转子运行状态和气缸机械状态参数进行连续测量显示、记录，对于超越了预置的运行极限给予报警或发出跳机信号，调试的目的在于确保 TSI 系统的正常工作。涠洲终端处理发电工程汽轮机监测仪表系统（TSI）选用数据集中采集监控系统以及相应的传感器来监测转速、轴向位移、轴振动、胀差、偏心。系统共涉及汽轮机前轴 X/Y 方向、汽轮机后轴 X/Y 方向、发电机前轴 X/Y 方向、发电机后轴 X/Y 方向的振动和轴向位移，汽轮机胀差和偏心信号的采集，每个信号超出设定值时都会发出报警或停机信号，停机信号接到 ETS 保护系统，实现汽轮机保护功能。监测仪表系统在汽轮机盘车、启动、运行和超速试验以及停机过程中，可以连续显示和记录汽轮机转子和气缸的机械状态参数，并在超出运行设定点时发出报警、停机信号。

(4) 汽轮机危急遮断系统（ETS）

汽轮机危急遮断系统（ETS）包括汽轮机的危急遮断输出、报警指示等。可保障汽轮机安全运行，在异常、紧急状态下，保护汽轮机本体及附属设备不受损坏；汽轮机 TSI 在汽轮机盘车、启动、运行和超速试验以及停机过程中，可以连续输出和监视汽轮机转子和气缸的机械状态参数，并在超出预置的运行极限时发出报警，超出预置的危险值时发出停机信号。

按照技术规范，配合机组调试及运行要求，有步骤地调整和试验 ETS 的控制功能，以满足机组整组启动、机组运行以及汽轮机各项性能试验的控制要求和保护要求，安全、优质地保障汽轮机各项功能的实现。

危急遮断系统（ETS）控制部分采用双冗余的可编程控制器实现，根据汽轮机安全运行的要求，接受就地一次仪表或 TSI 二次仪表的停机信号，控制停机电磁阀，使汽轮机组紧急停机，保护汽轮机的安全。危急遮断系统（ETS）对系列参数进行监视，一旦参数超出正常范围，通过停机电磁阀，实现停机。

进行现场模拟使以下信号出现，ETS 系统应发出相应指令实现危急遮断功能：汽轮机超速停机信号、润滑油压低停机信号、凝汽器真空低停机信号、紧急停机按钮停机信号、发电机主保护动作停机信号、轴位移大停机信号、胀差大停机信号、电调装置停机信号、推力瓦块温度高停机信号、推力轴承回油温度高停机信号、径向瓦块温度高停机信号、真空低停机信号。本项目 ETS 系统对每个停机信号在控制盘上均设计了保护投切按钮和信号试验按钮，大大方便了系统的使用。

当 ETS 系统接收到远方复位信号后应可以立即复位继续正常工作。

汽轮机控制采用北京和利时控制工程有限公司控制系统来实现汽轮机的转速

控制、负荷控制和汽轮机保护等功能。与传统的液压控制系统相比，数字电-液控制系统使用数字计算机技术来实现回路变量调节和系统静态自整等，控制规律及参数（如解耦系数等）用软件实现，精确度高，能够实现完全静态自整，采用比例积分及微分（PID）调节器，使系统静态和动态性能都得到很大的改善，使得系统的过调量下降、稳定性增强、过程时间缩短。

（5）汽轮机控制系统（DEH）

汽轮机控制系统（DEH）由计算机控制部分和液压执行机构组成。DEH 包括数据采集、数字电-液调节等功能。DEH 采用以显示器为中心的操作和控制方式。

DEH 控制系统设置有完善的系统引导，操作员站上电后，系统不需运行人员干预即可正常启动至控制画面，由于对系统所有热键都进行了可靠的屏蔽，因此，不应进行任何使系统退出的尝试。

DEH 系统结构组成主要包括冗余电源、一对控制器、I/O 卡件（AI 卡件、RTD 卡件、TC 卡件、PI 卡件、AO 卡件、DI 卡件、DO 卡件）、后备手操盘、特殊信号处理装置（伺服放大等）、一台操作员站（包括打印机）。

操作员站与控制器通过数据高速公路相连，I/O 卡与控制器，通过高速现场总线相连。

在"操作员自动"情况下，操作员主要通过操作员站的鼠标和键盘进行各种控制操作和画面操作，操作员指令传到控制 DPU，由 I/O 卡执行输出控制。

汽轮机采用由数字电-液控制系统实现的控制方式，并网前对汽轮机进行转速控制，在并网后对汽轮机进行负荷控制。基本自动控制功能是汽轮机的转速控制和负荷控制功能。

在数字电-液控制系统控制下可进行 103％超速保护试验、电超速保护试验、机械超速保护试验。

DEH 控制系统主要功能如下：

① 阀位标定（拉阀试验）。
② 就地启动/操作员自动启动/经验曲线启动。
③ 主汽门严密性试验、调节汽门严密性试验。
④ 110％电超速保护试验、111％机械超速保护试验。
⑤ 自动同期控制。
⑥ 机组并网自动带初负荷功能。
⑦ 阀位负荷控制（阀位闭环控制）。
⑧ 功率负荷控制（功率闭环控制）。
⑨ 主汽压控制（主汽压力闭环控制）。
⑩ 主汽压低保护、主汽压高保护。
⑪ 一次调频。

⑫ 快减负荷功能。
⑬ 协调控制。
⑭ 超速保护。
⑮ 主汽门活动试验、调节汽门活动试验。
⑯ 阀位限制。
⑰ ETS 保护。

3.6.2 循环水及化学药剂专业

3.6.2.1 汽轮机循环水系统

本项目新建 1 台 10MW 补汽凝汽式汽轮发电机组，汽轮机冷凝器采用海水冷却塔开式循环冷却系统。汽轮机空冷器、冷油器等辅助设备采用淡水闭式循环冷却水系统。闭式循环板式换热器采用海水作为冷却水源。淡水水源为地表水及海水淡化水。

(1) 流程及基础数据

① 海水冷却工艺流程　海水冷却工艺流程如下：

冷却塔水池→海水循环水泵→循环水压力供水管→凝汽器、板式换热器→循环水压力回水管→冷却塔→冷却塔水池

海水循环水管采用单母管制输水，海水循环水管采用夹砂玻璃钢管。

本项目配有 2 台闭式循环水泵（一用一备）、2 台板式换热器。

海水循环冷却水系统需要冷却的设备包括汽轮发电机组的冷凝器、板式换热器。汽轮机的冷凝器以及板式换热器由 4 台单级双吸海水泵供给，其参数为 $Q=1005 \text{m}^3/\text{h}$，$H=24 \text{mH}_2\text{O}$，功率 90kW。

② 闭式冷却水工艺流程　闭式冷却水工艺流程如下：

闭式循环水泵→循环水压力供水管→汽轮机冷油器、空冷器等辅助冷却水系统→循环水压力回水管→板式换热器→闭式循环水泵

本工程共设 2 台闭式循环水泵、2 台板式换热器。闭式循环冷却水由 2 台单级立式离心泵供给，其参数为 $Q=200 \text{m}^3/\text{h}$，$H=50 \text{mH}_2\text{O}$，功率 45kW。

1♯机组循环水泵技术参数如表 3-11 所示。

表 3-11　1♯机组循环水泵技术参数

设备	项目	技术规范
循环水泵	制造厂	安徽三联泵业股份有限公司
	型号	HS-400-350-400A
	型式	立式斜流泵

续表

设备	项目	技术规范	
循环水泵	运行状态	二台泵并联时单台泵性能（夏季）	一台泵运行时泵性能（冬季）
	流量	9.53m³/s	11.38m³/s
	扬程	21m	14.15m
	轴功率	128.5kW	128.5kW
	转速	1480r/min	
	泵效率	79.5%	
	进口喇叭口需要吸入净正压头（NPSHr）	7.85m	
	关闭扬程	42m	
	最大负荷流量	11.38 m³/s	
	最大负荷下扬程	14.2m	
	正常轴承振动值（双振幅值）	0.076mm	
	轴承振动值报警（双振幅值）	0.12mm	
	轴端密封型式	填料密封	
	轴端密封泄漏量	少量	
	最大反转转速	510r/min	
	密封水量	3.5m³/h	
	密封水压	0.3MPa	
循泵电机	电机型号	YEZ－315L1-4	
	制造厂	湘电莱特电气有限公司	
	电机电压	380V	
	额定功率	160kW	
	功率因数	0.85	
	绝缘等级	F级	
	冷却方式	空-空	
	安装型式	立式	

4#机组循环水泵技术参数如表3-12所示。

表 3-12　4#机组循环水泵技术参数

设备	项目	技术规范	
循环水泵	制造厂	安徽三联泵业股份有限公司	
	型号	HS-400-350-400A	
	型式	立式斜流泵	
	运行状态	二台泵并联时单台泵性能（夏季）	一台泵运行时泵性能（冬季）
	流量	6.35m³/s	7.08m³/s
	扬程	21m	16.4m
	轴功率	128.5kW	
	转速	425r/min	
	转向	从上往下看,顺时针旋转	
	泵效率	79.5%	
	进口喇叭口需要吸入净正压头（NPSHr）	6.53m	
	关闭扬程	40m	
	最大负荷流量	27200m³/h(约 7.56m³/s)	
	最大负荷下扬程	12.8m	
	正常轴承振动值（双振幅值）	0.07mm	
	轴承振动值报警（双振幅值）	0.12mm	
	轴端密封型式	填料密封	
	轴端密封泄漏量	5L/min	
	最大反转转速	510r/min	
	密封水量	3.5m³/h	
	密封水压	0.3MPa	
循泵电机	电机型号	YKKL1800-14/1730-1	
	制造厂	湘电莱特电气有限公司	
	电机电压	380kV	
	额定功率	160kW	
	功率因数	0.82	
	绝缘等级	F级	
	冷却方式	空-空	
	安装型式	立式	

③ 冷却设施　冷却塔采用 3 台机力通风冷却塔（1500m³/h）。全厂最大循环水量 4500m³/h，平均每台冷却塔的循环水量为 1500m³/h。冷却塔单塔尺寸 $B×L=12.2m×12.2m$。冷却塔集水池采取高位连通孔连通，可保证单台塔单独停产检修，水池深 3m。各水池设独立的放空、溢流管道。

设计冷却水参数（单台）如下：

进塔水温：43℃

出塔水温：33℃

冷却塔的进出水温差：10℃（理论值为 7.39℃）

大气压：760mmHg

干球温度：31℃

湿球温度：27.8℃

④ 排水　厂区采用生活污水、生产废水及雨水分流制排水系统。本项目生产过程中产生的污、废水不含有毒物质。仅受轻微热污染的工业废水便于回收的部分直接回收至冷却塔水池作为循环水的补充水；难于回收的部分直接排放至厂区雨水管网。

生活污水经无害化处理后通过地面散水排放，不对界外的水质产生新的污染源。雨水采用通路边沟排放，汇入雨水沟。

⑤ 水系统水量设计　水系统水量设计如表 3-13～表 3-15 所示。

表 3-13　海水循环冷却水用量

机组台数	凝汽量/(t/h)	凝汽器/(t/h)	板式换热器/(t/h)	总水量/(t/h)
1×10MW	42.8	3210	320	3530

表 3-14　淡水循环冷却水用量

机组台数	汽轮机		工业水/(t/h)	总水量/(t/h)
	冷油器/(t/h)	空冷器/(t/h)		
1×10MW	72	130	20	222

表 3-15　海水循环冷却水补给水量

项目名称		补充水量/(m³/h)	备注
冷却塔补充水	蒸发损失	56.48	
	风吹损失	3.53	
	排污损失	19.06	
总补充水量		79.07	

⑥ 海水水质　水质分析数据见表 3-16。

表 3-16 水质分析数据

序号	项目	单位	化验 1	化验 2
1	pH 值	—	7.89	7.85
2	Cl^-	mg/L	19173	20200
3	F^-	mg/L	1	1
4	SO_4^{2-}	mg/L	2543	2403
5	HCO_3^-	mg/L	110	95.5
6	NO_3^-	mg/L	2.36	2.26
7	Ca^{2+}	mg/L	393	393
8	Mg^{2+}	mg/L	1242	1225
9	Ba^{2+}	mg/L	0.021	0.021
10	Sr^{2+}	mg/L	7.3	6.91
11	Na^+	mg/L	8844	8390
12	K^+	mg/L	337	318
13	H_2SiO_3	mg/L	2.42	4.78
14	电导率	μS/cm	82000	70000
15	溶解性固体	mg/L	33200	33600

(2) 循环冷却水处理运行方案

① 方案实施的目标 技术方案实施后，需要达到 GB/T 23248—2009《海水循环冷却水处理设计规范》的要求。具体指标如下：

a. 污垢热阻：$\leqslant 3.2\times 10^{-4} m^2 \cdot K/W$。

b. 黏附速率：$\leqslant 15 mg/cm^2$。

c. 异养菌总数：$\leqslant 1\times 10^5 cfu/mL$。

d. 阻垢率：≥90%（经验值）。

e. 浓缩倍数：2.0~2.5 倍。

② 方案中涉及的水处理化学品 具体包括海水无磷缓蚀剂、海水无磷阻垢分散剂、杀生剥离剂、氧化性杀菌灭藻剂。

③ 加药及取样系统

a. 炉水加药处理 为了防止在余热锅炉汽包中产生钙垢，余热锅炉设有炉水磷酸盐处理设施，加药管道采用不锈钢材质，磷酸盐溶液的配制采用除盐水。本项目为余热锅炉设置两套手动控制的加磷酸盐装置（2箱4泵），单套加药装置上设置有2个不锈钢溶液箱，在溶液箱上有电动搅拌装置及滤网，还设置有4台（2用2备）高压力、小容量的计量泵。

b. 余热锅炉给水加氨处理 为提高余热锅炉补给水的 pH 值避免设备和管道的腐蚀，本项目设有一套加氨装置（1箱2泵），加药点为除盐水泵进水母管，加药量可根据除盐水泵出口 pH 值自动调节，控制除盐水 pH 值在 8.8～9.3 之间。

c. 汽水取样　为了准确无误地监控机炉运行中给水、炉水和蒸汽的品质变化情况，判断系统中的设备故障，本项目为每台锅炉设置一套集中汽水取样装置，布置在锅炉附近，取样管道采用不锈钢材质，采用手动取样，取样冷却水采用工业水。取样点分别为：中压过热蒸汽、中压饱和蒸汽、中压炉水、低压过热蒸汽、低压饱和蒸汽、低压炉水、凝结水。

d. 循环水加药处理　本项目设置有手动控制的循环水加阻垢剂装置（1 箱 2 泵），放置在循环水泵房内；并考虑夏季在循环水池中定期投加杀菌药剂，以防止冷却水塔内藻类的滋生。

e. 设备布置　本项目化水间布置靠近汽轮机间，清水箱、除盐水箱布置在室外，主要处理设备布置在化水间室内，清水泵、反洗水泵、除盐水泵布置在水泵间。

3.6.2.2　水系统运行期间循环水系统的控制

（1）初期投加药剂处理

① 海水缓蚀剂的控制指标　由于新装置循环水系统中浊度较高，系统对水处理药剂吸附性强，因此初次投加药剂浓度应大些。按系统保有水量计算投加量，机组保有水量取 1000m^3。控制循环水中药剂质量浓度约 100mg/L，投加海水缓蚀剂 100kg。

a. 计算方法

$$M(\text{kg}) = V \times 加入药剂浓度(\text{mg/L})/1000$$

式中　M——加药量，kg；

V——系统保有水量，m^3。

b. 药剂投加方法　计量泵快速加入。

c. 加药点　系统原设计加药点，加入塔池中。

② 海水阻垢分散剂的控制指标　按系统保有水量计算投加量，机组保有水量取 1000m^3。控制循环水中药剂质量浓度约 100mg/L，投加海水阻垢分散剂 100kg。

a. 计算方法

$$M(\text{kg}) = V \times 加入药剂浓度(\text{mg/L})/1000$$

式中　M——加药量，kg；

V——系统保有水量，m^3。

b. 药剂投加方法　计量泵快速加入。

c. 加药点　系统原设计加药点，加入塔池中。

③ 氧化性杀菌灭藻剂的控制指标

a. 控制循环水中药剂质量浓度约 25mg/L，投加 TS-821 氧化性杀菌灭藻剂 25kg。维持循环水中余氯含量 0.5~1.0mg/L。

b. 药剂投加方法　在塔池中挂入非金属框，药剂放到框中缓慢溶解。

c. 加药点　加入塔池中。

(2) 正常运行中的化学药剂控制

① 海水缓蚀剂的控制指标

a. 药剂加入量　按补充水量计，控制补充水中药剂质量浓度约 12.5~15mg/L。

b. 控制指标　监测循环水中 MoO_4^{2-} 的浓度以便控制缓蚀剂药剂浓度，控制循环水中 MoO_4^{2-} 浓度为 0.35~0.45mg/L。

c. 药剂投加方法　计量泵连续加入。

d. 加药点　系统原设计加药点，加入塔池中。

② 海水阻垢分散剂的控制指标

a. 药剂加入量　按补充水量计，控制补充水中药剂质量浓度约 12.5~15mg/L。

b. 药剂投加方法　计量泵连续加入。

c. 加药点　系统原设计加药点，加入塔池中。

③ 杀生剥离剂的控制指标

a. 计算方法

$$M(kg) = V \times 加入药剂浓度(mg/L)/1000$$

式中　M——加药量，kg；

　　　V——系统保有水量，m^3。

b. 药剂加入量　控制循环水中药剂的质量浓度为 100mg/L，平均每月投加 1 次，每次投加 100kg。

c. 药剂投加方法　计量泵快速加入。

d. 加药点　系统原设计加药点，推荐加入塔池中。

④ 氧化性杀菌灭藻剂的控制指标

a. 药剂加入量　控制循环水中药剂质量浓度为 20mg/L，平均每天投加 1 次，每次投加 20kg。维持循环水中余氯含量为 0.2~0.3mg/L。

b. 药剂投加方法　在塔池中挂入非金属框，药剂放到框中缓慢溶解。

c. 加药点　加入塔池中。

(3) 循环水浓缩倍数控制方法

为了系统的稳定运行，采用逐渐提升浓缩倍数的方式运行：

① 浓缩倍数控制在 1.5~2.0。监测水质，调整并确定阻垢缓蚀剂控制浓度。

② 浓缩倍数控制在 2.0~2.5。监测水质，调整并确定阻垢缓蚀剂控制浓度。

③ 确定适宜的浓缩倍数和药剂控制浓度。

(4) 水质监控

循环水质检测、微生物检测是循环水处理技术的重要考核手段。采用快速水质检测仪及与水质分析相关的常规仪器设备。

① 循环水系统水质分析检验　循环水系统水质分析检验项目及频率如表 3-17 所示。

表 3-17　循环水系统水质分析检验项目及频率

序号	项目	单位	检测频率
1	pH 值		2 次/天
2	电导率	μS/cm	2 次/天
3	浊度	NTU	2 次/天
4	总铁	mg/L	1 次/天
5	总碱度(以 $CaCO_3$ 计)	mg/L	2 次/天
6	总硬度(以 $CaCO_3$ 计)	mg/L	1 次/天
7	钙(以 $CaCO_3$ 计)	mg/L	1 次/天
8	余氯	mg/L	1 次/天
9	氯离子	mg/L	2 次/天
10	MoO_4^{2-}	mg/L	1 次/天
11	COD_{Cr}	mg/L	1 次/周
12	异养菌总数	个/mL	1 次/天

② 补水水质月全分析　补水水质月全分析检验项目及频率如表 3-18 所示。

表 3-18　补水水质月全分析检验项目及频率

序号	项目	单位	检测频率
1	pH 值		1 次/月
2	电导率	μS/m	1 次/月
3	浊度	mg/L	1 次/月
4	氯离子	mg/L	1 次/月
5	硫酸根离子	mg/L	1 次/月
6	总铁	mg/L	1 次/月
7	总碱度(以 $CaCO_3$ 计)	mg/L	1 次/月
8	总硬度(以 $CaCO_3$ 计)	mg/L	1 次/月
9	镁离子	mg/L	1 次/月
10	钙离子	mg/L	1 次/月

续表

序号	项目	单位	检测频率
11	总磷	mg/L	1次/月
12	溶解固形物	mg/L	1次/月

③ 水质稳定效果监控指标　水质稳定效果监控指标如表3-19所示。

表 3-19　水质稳定效果监控指标

序号	项目	单位	控制指标	备注
1	试管黏附速率	mg/(cm^2·m)	≤15	月考核
2	阻垢率	%	≥90	周考核
3	细菌总数	个/mL	<1×10^5	周考核

3.6.2.3　循环水系统启动和停运

(1) 启动前的准备工作

a. 机组投产前应彻底清扫冷却水系统，确保冷却水沟道、管道及水塔内无异物，以避免换热器管污堵。

b. 凝汽器启动时，所有有关装置，如预处理装置、加药处理装置应均能投入运行。

c. 建全水质监测、水质化验仪器设备。

(2) 主要联锁与保护

① 循环水启动允许条件

a. 循环水前池水位正常。

b. 循环水通道畅通（凝汽器循环水任一侧导通）。

c. 循环水泵无跳闸信号。

② 循环水泵自启动条件

a. 备用联锁投入，运行泵停止或跳闸，备用泵自动启动。

b. 备用联锁投入，母管水压力低，备用泵自动启动。

③ 循环泵跳闸条件

a. 运行泵出口门关闭且再循环门未开启，延时 5s。

b. 循环水前池水位低，延时 5s。

c. 电机推力轴承温度高 80℃。

d. 电机导向轴承温度高 80℃。

e. 电机定子绕组温度高 140℃。

(3) 系统启动

① 启动前的准备

a. 按系统检查卡检查完毕，确认有关设备及阀门均在准备启动状态。

b. 检查泵及电机轴承油位正常，高、低油箱油位正常。

c. 检查循环泵出口门液控油系统正常。

d. 检查前池水位正常。

e. 确认循环泵电机冷却水已投入、泵进口滤网已提前投入，前后差压正常且无杂物。

f. 启动第一台循环泵前应确认凝汽器至少有一侧具备通水条件。

g. 开启循环水系统各空气门。

② 循环水泵启动

a. 确认循环水泵启动允许条件满足。

b. 启动循环水泵，监视启动电流及返回时间，正常电流不超限。

c. 循环水泵启动后将出口门开至15%对系统进行注水，同时启动凝汽器水侧真空泵并投入自动，系统排空气门有连续水流流出后关闭空气门。

d. 投入循环水泵轴承密封冷却水。

e. 注水结束后全开运行泵出口门。

f. 循环水泵出口门全开后关闭其再循环门。

g. 检查系统无泄漏、泵及电机运行正常、出口压力正常，检查电机电加热器已退出。

h. 循环水母管压力大于0.2MPa时，将备用泵投入备用或根据需要启动第二台循环水泵。

③ 正常维护

a. 泵组若有明显异声、撞击声或振动明显增大，应立即启动备用泵，停运故障泵。

b. 循环水母管压力在0.17~0.23MPa。

c. 循环水泵电机电流正常，不摆动。

d. 循环水泵任一测点超过限值而保护系统无动作，应立即启动备用循环水泵，停止运行泵。

e. 循环水泵电机、轴承冷却水流量与水压正常。

f. 循环水泵机械密封水压力正常。

g. 循环水泵及电机振幅≤0.076mm。

h. 循环水泵进口滤网应按规定定时启动，如循环水泵进口杂物太多应保持滤网连续运行，发现滤网有卡涩现象，应通知检修处理。

i. 检查循环水泵电机推力轴承、导向轴承、定子绕组温度正常，其报警值分别为：推力轴承温度75℃、导向轴承温度75℃、定子绕组温度130℃。

④ 系统停运

a. 若需停运循环水系统，应先确认无循环水用户，然后方可停运循泵。

b. 停运循环水泵前，应先全开再循环门，后关出口门，确认系统正常后再停运循环水泵，严禁出口门在开的情况下停泵。

c. 停运后检查泵有无倒转，检查电机电加热器已投入。

3.6.2.4 安全措施及异常情况的应急处理措施

（1）安全措施

① 与化学品接触的人员必须严格遵守终端安全规定。

② 化验操作严格按照操作规程和注意事项进行，保证化验的准确度。

③ 现场操作接触加药设备时，应戴好防护品，防止药剂喷溅。

④ 皮肤接触：脱去污染的衣物，立即用流动的清水冲洗，严重时就医。

⑤ 眼睛接触：立即用流动的清水冲洗，严重时就医。

（2）异常情况的应急处理措施

循环水系统中经常会发生故障，这些问题必须及时解决，否则可能会造成恶性事故，甚至停产。如果加药量不足或者控制条件发生变化后不及时采取措施，就会造成严重的结垢、海生物和菌藻失控。因此事先制定异常情况处理的应急方案是非常必要的。

① 海水无磷缓蚀剂和海水无磷阻垢分散剂加量不足

a. 检查是否大量排水或大量补水。

b. 加大补充水中药剂的用量，然后调控在控制范围内。

② 海生物和菌藻失控

a. 检测菌数和生物黏泥量。

b. 加大氧化性杀菌灭藻剂的用量，或者加大杀生剥离剂的用量或者加大投加频率。

③ 阻垢率偏低

a. 检查海水无磷阻垢分散剂加量是否足，如果偏低，则加大海水无磷阻垢分散剂加入量。

b. 生物黏泥量引起的浊度可消耗部分药剂。

④ 循环水浊度超标

a. 加大排污。

b. 加大杀菌剂的用量。

c. 加大海水无磷阻垢分散剂的用量。

3.6.2.5 系统管理

（1）月服务报告

每月提供一份现场循环水系统运行评估报告，以便及时发现问题，总结情况，提出整改预案和处理措施，并向终端提交文字报告和电子版报告。

（2）年度总结报告

年度总结报告对月总结报告进行归纳，总结出成功的运行经验和存在的问题，提出改进措施，并向终端提交文字报告和电子版报告。

（3）技术升级服务

① 开展持续研究工作，如现场水源更换或其他需求发生变化时，通过试验重新设计水处理方案和水质稳定剂。

② 关注国内外最新水处理成果并进行试用。

3.6.3 配电系统

涠洲终端余热电站余热发电汽轮机组采用发电机-变压器单元接线方式。发电机-变压器组在35kV处与涠洲终端原35kV电网并列运行。发电机采用无刷励磁方式，额定功率10MW，出口电压6.3kV。主变压器容量为12500kW，采用有载调压变压器。6.3kV中压系统配有5面中压柜，其中包含2面发电机PT柜，1面母线PT柜，1面发电机出口开关柜，1面变压器开关柜。低压厂用电接线采用双电源进线。进线电源一路引自炭黑厂6.3kV母线，另一路电源引自汽轮发电机6.3kV厂用分支。经两台额定容量为1600kW的厂用变压器降至0.4kV后接至低压厂用电源进线柜，并在进线柜内设置双电源自动转换开关。厂用段负责向汽轮发电机组负荷、余热锅炉负荷、海水系统、化水系统以及公用负荷等供电。厂用电源采用380V/220V动力、照明合并供电的三相四线制系统。厂用电进线断路器单台额定电流为2500A，额定开断能力为50kA。

发电机保护装置采用南京南自四创电气有限公司生产的NSC554U型装置。同期点为发电机出口断路器，同期电压取自发电机出口PT2及进线电压互感器PT3。

同期装置设备参数如表3-20所示。

表3-20 同期装置设备参数

序号	主要同期指标名称	同期指标
1	允许频率最大差值	$\Delta f \leqslant 0.5$Hz
2	允许电压最大差值	$\Delta U \leqslant \pm 30\%$Us
3	电网环并允许角	$\Delta \Phi \leqslant 40°$
4	合闸精度	在频差$\leqslant 0.3$Hz时,合闸相角$\leqslant 1°$
5	频率变化允许范围	频率相差0.5Hz
6	制造厂	南京南自四创电气有限公司

本机组发电机采用无刷励磁系统，即使用旋转整流器交流励磁机励磁功率单元的励磁系统。旋转整流器与交流励磁机电枢及发电机轴固定，同轴旋转。交流励磁机的励磁绕组由永磁机经自动调整励磁装置的可控硅整流桥供电。励磁系统全套装置由励磁机、永磁机、自动励磁调节器柜等组成。

励磁系统基本数据如下：

① 旋转整流器励磁系统顶值电压≥2倍额定励磁电压。
② 旋转整流器励磁系统电压相应比≥2倍额定励磁电压/秒。
③ 旋转整流器励磁系统允许强励持续时间≥20s。
④ 当发电机的励磁电压和电流不超过其额定值的1.1倍时，励磁系统应保证能长期连续运行。
⑤ 励磁系统具有短时过载能力，强励倍数大于2.0。当发电机机端电压降至80%额定电压时，仍能有2.0倍强行励磁的能力，其长期输出电流不小于1.1倍额定励磁电流。
⑥ 自动励磁调节器应保证在发电机空载电压的70%～110%范围内稳定、平滑地调节，调整电压分辨率应不大于额定电压的0.2%。手动调压范围，下限不得高于发电机控制励磁电压的20%，上限不得低于发电机额定励磁电压的110%。
⑦ 电压频率特性，当发电机空载运行，频率变化范围为额定频率值的1%时，其端电压变化率应不大于额定值的25%。

3.7 涠洲终端余热电站调试方案

3.7.1 锅炉调试方案

3.7.1.1 锅炉水压

锅炉水压试验是对锅炉承压部件进行的一种严密性检查，根据中华人民共和国DL/T 612—2017《电力行业锅炉压力容器安全监察规程》对锅炉进行水压试验。

（1）水压试验压力

水压试验压力如表3-21所示。

表3-21 水压试验压力

部件	锅筒工作压力/MPa	整体试验压力/MPa
中压部分	2.70	3.375
低压部分	0.48	0.720
凝水加热器	0.85	1.275

（2）水压试验前的准备工作
① 进行所试部件的内部清理和表面检查。
② 压力表精度为0.4级（压力表限值应为额定压力的1.5～2.0倍）。
③ 装设好排水管道和放空气阀。
④ 检查所有的仪表是否已隔离，不会由于超压而损坏。

⑤ 就地水位计不能暴露在超过设计压力的压力中。

⑥ 审核安全阀说明书中的水压试验工艺,并按安全阀说明书的要求在锅炉水压试验时对安全阀采取保护措施。

⑦ 解列就地水位计,解列安全门(检查安全门内水压试验堵板是否完好)。

⑧ 全开汽轮机主汽门后疏水门(防止汽轮机进水)。

(3) 水压试验时对水质和温度的要求

在试验时,应使用质量最好的试验用水。建议使用除盐水、除氧水或纯净的凝结水(加入防腐剂,如 10mg/L 的氨水和 200mg/L 的联氨)。如果不锈钢部件暴露在水压介质中,则氯化物的含量不能超过 30×10^{-6},或者在试验时,将这些部件隔离。水压试验时,试验水温一般控制在 30~70℃ 为宜。

(4) 水压试验步骤

① 锅炉上水,当空气门没有气泡时关闭空气门。

② 所有的放气阀在锅炉上水时都应该开启以排尽空气。

③ 水压试验压力升降速度一般不应超过每分钟 0.3MPa。

④ 锅炉充满水后金属表面的结露应清除,当压力升至试验压力的 10% 左右时,应做初步检查,清除异常。

⑤ 升压过程中经常检查汽轮机主汽门后疏水,发现有水应停止升压,查明原因后再升压。

⑥ 水压升至工作压力时,应进行全面检查,若工作压力值无下降情况,则可继续缓慢均匀地升压,进行超压试验。在试验压力下保持 20min 后降至工作压力再进行全面检查。检查期间压力应保持不变,检查中若无破裂、变形及漏水现象,停止进水 5min 后压力下降值不大于 0.5MPa,则可认为水压试验合格。整体水压试验后,应将水放尽,尤其是水压试验后至启动间隔时间较长时,应考虑汽水系统内部的防腐措施。

(5) 试验范围

锅炉主给水截止门至主汽门范围内的低压锅筒、给水预热器、低压蒸发器、中压省煤器、低压过热器、中压蒸发器、中压过热器、中压锅筒管道及截止门等。

(6) 升压降压速度

① 升压初期控制升压速度每分钟不超过 0.3MPa。压力升至 80% 工作压力后控制升压速度每分钟不超过 0.1MPa。

② 降压速度控制在每分钟不超过 0.3MPa。

(7) 水压试验前的检查与水压试验程序

① 水压试验前的检查

a. 在锅炉上水过程中,应随时检查空气阀是否冒气,如不冒气则应停止上水查明原因。空气阀冒水说明锅炉水已经上满,应立即关闭空气阀停止上水。全开汽轮机主汽门后疏水门并加强对主汽门后疏水的检查，防止汽轮机进水。

b. 锅炉上满水后进行一次锅炉的全面检查，了解有无渗水的地方，并将膨胀指示器的数值记录下来。

c. 检查结果确认符合水压试验条件后，即可进行升压。

② 水压试验程序

a. 在达到工作压力前，升压速度每分钟不超过 0.1～0.2MPa。

b. 当压力升到工作压力的 10% 时应停止升压工作，立即进行一次全面细致的检查。

c. 如果在较高的压力下发现有不严密的地方而且渗漏严重，则应立即停止升压，进行降压处理。

d. 当压力升至工作压力的 80% 时应暂停升压，检查进水阀的严密性；当压力接近工作压力时，压力的上升速度必须均匀而缓慢，并严格防止超过工作压力。

e. 当压力升到工作压力后，应立即停止升压，记录停止升压时间，并在 5min 内监视压力下降情况，组织工作人员在工作压力下进行一次全面细致的检查。

f. 水压试验合格后进行超水压试验，升压速度不超过 0.1MPa/min。

g. 解列就地水位计，解列安全门（检查安全门水压堵板是否完好）。

h. 当水压升到工作压力后应关小上水手动截止门（不能控制压力时立即开事故放水进行泄压，防止压力过高），达到超压试验压力时应停止升压，立即关闭手动截止门，并将停止升压的时间记录下来，锅炉降压至工作压力后进行检查，检查是否有漏泄声、承压部件是否变形以及承压部件是否有水迹，如有则做好记录，待降压放水后处理。

i. 试验完毕后，降压速度要缓慢，不得超过 0.3MPa/min，将炉水放至水位计最低水位处。

（8）合格标准

① 在试验压力下保持 5min 压降不超过 0.5MPa。

② 受压元件金属壁和焊缝没有任何水珠和水雾的泄漏痕迹。

③ 受压元件无明显的残余变形。

（9）安全措施

① 热工人员对现场压力表进行校对，确保压力表的准确性。

② 试验过程中以就地压力表为准，派专人监视压力表。

③ 全体操作人员必须听从指挥、坚守岗位、各司其职。

④ 进行工作压力试验时升压速度控制在 <0.3MPa/min，达到工作压力时保持压力，对承压部件进行全面检查，合格后进行汽包压力的 1.25 倍超水压试验。

⑤ 在超水压试验时，任何人不许在承压元件附近逗留，严禁做任何检查，

只有降至工作压力后方能进行检查。

⑥ 升压过程中严格执行本方案的升压速度，同时做好防止超压措施，若汽包压力超过 3.38MPa 且不能控制时立即开事故放水进行泄压。

⑦ 检查中发现问题由小组负责人向水压试验指挥汇报，所有参加水压试验的人员必须服从指挥。

(10) 环境因素控制措施

① 由于水压试验涉及多个专业，又属于节点项目，参与人员较多，现场施工区域要有明确的标识，有明确的管理制度，配备消防器材，并有防护措施，固体废弃物应及时分类回收，保持工作场地整洁。

② 施工前做到施工现场道路硬化、平整，施工区域无杂物。

③ 水压试验联氨为有毒化学药品，具有挥发性，易刺激、损伤人的呼吸系统，泄漏时易灼伤人体、造成环境污染，因此使用保管要有专人负责。

④ 在锅炉保养加药前，应在锅炉加药区域增设水桶并备好水源。如在加药时不小心将药品洒落或因其他原因将药品泄漏在地面上，应及时用备用水对泄漏位置进行洒水稀释，直至测得 pH 呈现中性。

3.7.1.2 锅炉煮炉

锅炉煮炉是用化学清洗的方法清除锅炉设备在制造、运输、保管、安装过程中，过热器及蒸汽管道中存留的各种沙子、灰粒、氧化铁锈及油污垢，为防止锅炉投入运行后影响蒸汽品质，提高锅炉的安全性、经济性。因此首次运行的锅炉必须进行碱煮炉清洗，以去除油污和铁锈，并在金属内壁形成保护膜，防止腐蚀，以确保锅炉正常安全运行。按《火力发电厂锅炉化学清洗导则》DL/T 794—2012 中 3.5.1 条新建锅炉的清洗范围："直流炉和过热蒸汽出口压力为 9.8MPa 及以上的汽包炉，在投产前必须进行化学清洗；压力在 9.8MPa 以下的汽包炉，当垢量小于 $150g/m^2$ 时，可不进行酸洗，但必须进行碱洗或碱煮"执行。由于本锅炉采用的保温材料为硅酸铝棉、毯等干式制品，同时保温材料的敷设均采用机械固定的方式，故烘炉可随煮炉同时进行。

(1) 煮炉前应具备的条件

① 锅炉及附属设备安装调试完毕，水压试验合格。

② 电气、热工仪表及保护安装完毕，试验合格。

③ 锅炉加药及取样装置安装试验完毕。

④ 汽水管道保温完毕。

⑤ 各设备、阀门已挂牌，开关指示正确。

⑥ 清理妨碍煮炉工作的杂物等，现场清扫干净，沟盖板敷设完毕。

⑦ 锅炉已进行水压试验，汽水系统和阀门严密不漏，锅炉可以进水。

⑧ 锅炉各悬吊支架的锁销已拔出。

⑨ 锅炉的加药系统安装完毕，并且管道畅通，具备加药投用条件。

⑩ 中压给水系统与低压给水系统在低压调节阀前用临时管连接。

⑪ 中压系统临时加药方式：在中压汽包人孔进行加药。

⑫ 低压系统临时加药方式：在低压汽包人孔进行加药。

⑬ 准备好煮炉的药品，按锅炉正常运行时每立方米水 3~5kg 配制。

⑭ 准备好加药工具、设备，并配备自来水、毛巾、加药眼镜、胶手套、橡胶靴、胶围裙等防护用品，防止加药时药物伤人。加药现场准备好 0.2% 的稀硼酸溶液、1% 醋酸溶液、清水和毛巾，以备灼伤后清洗。碱煮炉期间的排污水应排入指定地方，需经处理后再排出。

（2）煮炉期间应投入的设备及系统

a. 余热锅炉三通挡板阀。

b. 余热锅炉本体、给水预热器、低压蒸发器、中压省煤器、低压过热器、中压蒸发器、中压过热器。

c. 中、低压锅炉给水泵。

d. 锅炉排污系统。

e. 化学制水系统。

f. 中、低压蒸发器循环泵系统。

g. 中压给水系统、凝结水泵系统。

h. 锅炉加药、取样系统。

（3）锅炉煮炉加药及浓度控制

① 锅炉水位低于锅筒上人孔下沿时，药液从锅筒上人孔中一次倒入，然后关闭人孔，将锅炉水位升至锅筒水位表正常水位处。

② 药液加入后，中压锅筒升压至 0.8~1.5MPa 左右，排汽量为 10%~15% 额定蒸发量，煮 24h 后，从下部各排污点轮流排污换水至水质达到试运标准为止。

③ 碱煮炉时，药液不得进入过热器。锅炉补水时一定要缓慢，不要快速地补入大量的凉水，防止凉水受热膨胀使水位过高进入过热器。操作不当药液进入过热器应立即启动疏水泵、开启过热器反冲洗门、开事故放水门对过热器进行反冲洗。

④ 应考虑废水排放问题，保证排放液的 pH 值在 6~9 之间，防止对环境造成污染。

⑤ 碱煮炉结束，锅炉停炉放水后，应检查锅筒内部，彻底清除锅筒、集箱内部的附着物和残渣。

⑥ 煮炉期间应定期取样，对炉水碱度进行分析。炉水碱度不应低于 45mg/L，否则应补充加药。

(4) 调试方法、工艺或流程

① 锅炉第一次上水前要求清除管道内部污垢和杂物，然后进行上水、放水冲洗，水质无杂物清澈后停止放水，保持水位低于汽包人孔时停止上水进行加药。

② 根据系统实际情况采取中、低压系统分开碱煮方式。先碱煮中压系统，后碱煮低压系统。

③ 待中压系统碱煮结束并换水合格后，将水位升至最高水位，再碱煮低压系统。

④ 中压系统：采用人工加药方法，将药按比例先溶解后从中压汽包人孔加入。

⑤ 低压系统：采用人工加药方法，将药按比例先溶解后从低压汽包人孔加入。

⑥ 在碱煮炉过程中，维持一定排汽量，锅炉水位应保持在中间水位。

⑦ 中压系统碱煮时，中压系统用中压给水泵按正常系统补充除盐水（补水时凝结水系统及其他相应系统应隔离，防止进水）。中压系统增加的一路从低压给水管至中压给水管的临时管路用除盐水输送泵或疏水泵补充除盐水，补水时应控制中压汽包压力<1MPa。

⑧ 低压系统碱煮时，低压系统用除盐水输送泵补充除盐水（补水时其他相应系统应隔离，防止进水）。

(5) 煮炉期间压力及浓度控制

① 碱煮炉期间，应定期取炉水分析，当炉水碱度<45mg/L 或 PO_4^{3-} <1000mg/L 时，应用加药泵补加氢氧化钠和磷酸三钠，维持药浓度。

② 压力升至 0.1~0.2MPa 时，应冲洗水位计一次，防止水连通管堵塞，并校正水位计指示的正确性。同时还要冲洗压力表导管，并验证压力表读数显示的正确性。

③ 压力升至 0.3~0.4MPa 时，应联系安装公司热紧螺栓。

④ 煮炉期间投用一支就地水位计，煮炉结束后进行冲洗。

⑤ 碱煮炉后期，检查炉水中的碱度和磷酸根浓度，如趋于稳定，即可结束煮炉。

(6) 调试步骤、作业程序

① 碱煮炉时的运行方式为开式循环，逐渐开大烟气三通挡板，按锅炉升温、升压要求调整烟气挡板开度。

② 考虑燃气轮机的运行安全，开启烟气三通挡板时要勤与燃气轮机值班员联系，防止对燃气轮机有影响。如第一路三通挡板满足不了升温、升压要求时，可逐步开启另一路通道的三通挡板增加进入余热锅炉的烟气，烟气最后通过出口烟囱排入大气。通过调节三通挡板阀控制锅炉升温、升压速度在规定范围内。

③ 中压系统整个煮炉过程分为以下两个阶段：

a. 第一阶段：缓慢升压，中压汽包压力达 0.8MPa 时保持 8～12h，其间汽包均降压至 0.4MPa 定排一次，每次即开即关（0.5min），若汽包水位降低，向锅炉补水。碱煮期间每 4h 分析一次炉水碱度和磷酸根浓度，排污后增加一次。

b. 第二阶段：继续升压至中压汽包压力达 1.5MPa 时保持 8～12h，其间汽包均降压至 0.4MPa 定排一次，每次即开即关（0.5min），若汽包水位降低，向锅炉补水。碱煮后期每 2h 分析一次炉水碱度和磷酸根浓度，排污后增加一次。

④ 低压系统

a. 低压系统采取定压碱煮方式，待汽包压力升至 0.4MPa 时保持 24h，其间汽包均降压至 0.3MPa 定排 2～3 次，每次即开即关（0.5min），若汽包水位降低，向锅炉补水。

b. 碱煮期间的取样方式如下：

ⅰ. 前 12h 每 4h 分析一次炉水碱度和磷酸根浓度，排污后增加一次。

ⅱ. 12h 后每 2h 分析一次炉水碱度和磷酸根浓度，排污后增加一次。

⑤ 碱煮期间当碱度＜45mg/L 或 PO_4^{3-}＜1000mg/L 时，应用加药泵补加氢氧化钠和磷酸三钠，维持药浓度。

⑥ 碱煮结束时（即炉水中碱度和磷酸根变化不大且趋于稳定），则煮炉结束，开始进水、换水至排出的水水质透明，化学分析 pH 值降到≤9.0。

⑦ 中、低压系统均换水结束后停炉，待水温降到 70～80℃，即可将水全部排出。放水后必须打开锅筒人孔，进行内部检查，清除堆积于锅筒内的沉积物、污水和壁面附着物、铁锈，然后封闭；抽查并清理蒸发器下集箱。

⑧ 中、低压系统煮炉总计时间大约为 24h。

⑨ 废液排放：由总包单位组织，准备好总容积不小于 $30m^3$ 的防腐蚀容器及临时管道，并安装就位。每台炉准备好 115kg 盐酸，对排放的碱溶液进行中和。

（7）安全技术措施

① 碱煮炉期间，炉水应保持在最高可见水位，并注意严禁让药液进入过热器内。

② 碱煮炉期间，应按要求定期取炉水样分析，当炉水碱度低于 45mg/L 或 PO_4^{3-}＜1000mg/L 时，应补充药液。

③ 煮炉期间投用一支就地水位计，煮炉结束后进行冲洗。

④ 在升压过程中要注意检查各部位的变化情况及膨胀情况，如发现异常，应停止升压，待查明原因处理完善后再继续升压。

⑤ 碱煮炉期间应经常检查受压元件、管道、烟道的密封情况，发现问题及时处理。

⑥ 煮炉结束后，凡接触药液的阀门、管道、疏水箱都要冲洗干净。

⑦ 严格遵守《锅炉安全技术监察规程》相关安全规定。锅炉本体冷却后，

应先用除盐水对过热器进行反冲洗，再打开汽包人孔门和下联箱封头，彻底清理内部污泥等杂物，检测煮炉效果，达到清洗质量控制标准（无油脂、汽包内形成良好的保护膜）且检查结果合格后，更换人孔门密封垫并重新封上、恢复联箱的封头，锅炉正常上水。上水时间不少于 2h，若上水温度与汽包壁温度接近时，可适当加快上水速度。当上水至点火水位（一般水位为－50mm）时停止上水，检查汽包水位应维持不变，否则应查明原因，予以消除。汽包满水之后应进行一次工作压力下的水压试验，以检查各曾打开部位是否有渗漏情况。试验合格后对锅炉进行降压工作。

(8) 调试验评标准

① 金属表面油脂类的污垢和保护涂层已去除或脱落，无新生腐蚀产物和浮锈，且形成完整的钝化保护膜。

② 同时应清除堆积于锅筒、集箱等处的垢物。清理干净锅筒和集箱内壁上的附着物和污水后，擦去金属表面锈斑。

3.7.1.3 锅炉管道吹扫

(1) 管道的冲洗方式与参数控制

① 余热锅炉范围内的给水管道、减温水管道、过热器及其管道，在投入供水与供汽之前必须进行冲洗或吹洗，以清除管道内的杂物和锈垢。为避免喷水减温器雾化喷嘴堵塞，进行减温水管道冲洗时，应将减温器隔离。

② 管道的冲洗和吹洗工作应执行 DL 5190.5—2012《电力建设施工技术规范 第5部分：管道及系统》中管道系统的清洗规定以及 DL/T 1269—2013《火力发电建设工程机组蒸汽吹管导则》中的相关规定；临时管道的焊接必须由合格焊工施焊，靶板前的焊口应采用氩弧焊工艺。

③ 用水进行冲洗时，水质宜为除盐水或软化水，冲洗水量应大于正常运行时的最大水量。当出水澄清、出口水质和入口水质相接近时为合格。

④ 余热锅炉过热器及其蒸汽管道系统吹洗时，一般应符合下列要求：所用临时管的截面积应大于或等于被吹洗管的截面积，临时管应尽量短捷以减少阻力；吹洗时控制门应全开；用蓄热法吹洗时，控制门的开启时间一般应小于 1min。

⑤ 蒸汽吹洗时，中压系统先吹洗，中压系统吹洗结束后再吹洗低压系统。中压系统吹洗时，中压过热器出口压力可控制在 1.2～1.5MPa 之间，蒸汽量为 9.4～11t/h（额定参数的 60%～70%）左右，保证吹管系数大于 1；吹洗时压力下降值应控制在相应饱和温度下降值不大于 42℃ 的范围内。低压部分吹洗采取稳压吹洗，蒸汽压力为 0.4MPa 时，全开临吹门，每次时间应不少于 15min。

⑥ 各阶段吹洗过程中，至少应有两次停炉冷却（时间 12h 以上），冷却过热器及其管道，以提高吹洗效果。

⑦ 在被吹洗管末端的临时排汽管内（或排汽口处）装设靶板，靶板可用铝板制成，其宽度约为排汽管内径的 8% 且不小于 25mm，长度纵贯管子内径；在保证吹洗参数的前提下，连续两次更换靶板检查，靶板上冲击斑痕粒度不大于 0.8mm，且 0.2～0.8mm 的斑痕不多于 8 点即认为吹洗合格。

⑧ 冲管参数的选择　冲管参数的选择必须要保证在蒸汽冲管时所产生的动量大于额定负荷时的动量，即吹管系数大于 1，吹管系数按下式计算：

$$K=(G_c^2 V_c)/(G_e^2 V_e)$$

式中　G_c——吹管时蒸汽流量，t/h；
　　　V_c——吹管时蒸汽比容，m^3/kg；
　　　G_e——额定负荷时蒸汽流量，t/h；
　　　V_e——额定负荷时蒸汽比容，m^3/kg。

(2) 调试步骤、作业程序

① 现场准备好运行规程、系统图、运行日志。按规程要求对系统进行全面检查。

② 启动锅炉，锅炉逐步开启三通烟气挡板，通过调节三通挡板阀控制锅炉升温、升压速度在规定范围内。

③ 锅炉启动后，按要求控制升温、升压速度，将压力升至吹管要求值，记录膨胀指示器读数。

④ 采用"降压吹管"方式。锅炉启动前，主蒸汽系统中所有疏水门开启，临冲门关闭。锅炉启动后用电动主汽门旁路阀门和临冲门旁路阀门进行暖管。

⑤ 首次吹管前暖管疏水一定要充分。当汽包压力升至 0.5MPa 左右时，暖管结束关闭各旁路阀门和各疏水门（临冲门旁路不关），当中压汽包压力升至 1.0MPa 和 1.5MPa，过热器出口汽温达到 250℃ 左右，低压汽包压力升至 0.5MPa 时，关闭向空排汽阀，试吹两次，检查正常后，升压进行正式吹管。

⑥ 吹管分两阶段进行。第一阶段试吹后，待掌握了吹管特性即可正式吹管，到晚上安排一次停炉冷却，冷却时间不少于 12h。第二阶段直到吹管合格。应控制每小时吹管 3～4 次为好。

⑦ 吹管过程程序：在 1♯、2♯ 锅炉蒸汽管道单独吹扫后再集中一起吹扫汽轮机蒸汽系统（具体过程看锅炉运行情况再做调整）。

⑧ 在升压过程中，严格控制汽包上、下壁温差不大于 50℃，根据"锅炉冷态启动曲线"控制升温、升压速度，应缓慢均匀。

⑨ 吹管过程中注意假水位现象，防止锅炉缺水。为防止蒸汽带水，汽包水位处于 -50mm，但不低于 -100mm，在关闭向空排汽阀、开启临时控制阀时，汽包水位上升，此刻不得减少给水，在进水的同时监视汽包水位以防蒸汽带水。

⑩ 更换靶板应设专人负责，并在临时控制阀挂禁止操作警告牌。

⑪ 吹管过程中应与化学专业加强联系，监督炉水品质，并加强排污。

(3) 调试验评标准

① 吹管系数＞1。

② 汽包内工质饱和温度下降值不大于42℃。

③ 靶板上最大击痕粒度不大于0.8mm，且0.2～0.8mm的斑痕少于8点为合格。

④ 靶板表面呈现金属本色：连续两次更换靶板检查达到上述标准方为合格，应整理记录，办理签证。

(4) 安全技术措施

① 靶板装置前的管道焊接要氩弧焊打底，管道切割时的渣物应清理干净。吹管结束系统恢复时，应防止管道切割时渣物落入管道内。

② 启动过程中必须严格控制汽包上、下壁温差小于50℃。

③ 汽包内工质饱和温度下降值不大于42℃。

④ 吹管过程中，应注意汽包假水位现象，防止锅炉缺水、满水事故发生，吹管期间，应解列汽包水位保护。

⑤ 升压期间一定要认真检查锅炉各部膨胀，如遇管道或炉本体膨胀不畅，应停止升压，及时汇报指挥部，并予以处理。

⑥ 吹管前应组织各方人员对吹管临时系统进行全面检查。

⑦ 首次吹管后，应对吹管系统进行详细的检查，确认一切正常后方可进行下面的正式吹管。

⑧ 在利用中压蒸汽吹扫低压管道时应严格控制其压力≤0.5MPa。

⑨ 拆、装靶板时，临冲门开关处应挂禁止操作牌，并由专人负责。

⑩ 临时管排放口应有围栏设施，并要求挂有醒目的警示标志，在冲管期间，应有专人值班，禁止人员和车辆通行。

⑪ 运行过程中，当发生危及人身和设备安全的紧急情况时，运行人员按照《锅炉安全技术监察规程》处理，并及时通知调试现场负责人。

⑫ 吹管现场配备一定数量的消防器材，消防系统应能正常投用。

3.7.1.4 锅炉整套启动调试

(1) 锅炉机组启动前应具备的条件

① 试运现场的条件

a. 场地基本平整，消防、交通及人行道路畅通。

b. 厂房各层地面起码应做好粗地面，最好使用正式地面，试运现场和安装区应有明显标志和分界，危险区应有围栏和警告标志。

c. 试运区的施工脚手架应全部拆除，现场清扫干净，保证运行安全。

d. 试运区的梯子、步道、栏杆、护板应按设计安装完毕，正式投入使用。

e. 排水沟道畅通，沟道及孔洞盖板齐全。

f. 试运范围的工业、消防及生活用水系统应能正常投入，并备有足够的消防器材。

　　g. 试运现场具有充足的正式照明。事故照明应能在故障时及时自动投入。

　　h. 各运行岗位都应有正式的通信装置。根据试运要求增设的临时岗位应有可靠的通信联络设施。

　② 锅炉范围内的管道、汽水系统、阀门、保温等条件

　　a. 炉墙烟道完整、严密，无烧损现象。

　　b. 烟气系统人孔门完整，能严密关闭。

　　c. 蒸发器、过热器及省煤器管排外形正常，内部清洁。

　　d. 锅炉内部检查完毕，确认炉内及烟道内无人工作，并将各人孔门严密关闭。

　③ 汽水管道阀门应符合下列要求：

　　a. 支吊架完好，管道能自由膨胀。

　　b. 管道阀门保温良好，应有明显的表示介质流动方向的箭头。

　　c. 阀门具有完整、正确、清晰的名称及编号、开关方向的标志。

　　d. 阀门与管道连接完好，各部螺栓紧固，阀门手轮完整，阀杆洁净，无弯曲及锈蚀现象，开关灵活。

　　e. 水位计应备有防止烫伤工作人员的防护罩。

　　f. 各部照明充足。

　　g. 所有表计应齐全，指示正确。主要表计应用红线表示工作范围。信号、警报完好正确，操作开关齐全、完好。

　　h. 各安全门及其管道完好无损，防护罩齐全，不得有杂物、灰尘和锈垢。

　　i. 地面、平台、楼梯、围栏、盖板、门窗应完好无损，设备现场不得堆积垃圾及杂物。

　　j. 在设备附近适当位置备有足够的合格消防用品。

　④ 下列设备经调试合格：

　　a. 化学水具备供水条件，并能稳定供水。

　　b. 锅炉公用水汽系统全部连通，各辅机设备安装完毕，并经检查试运正常。

　　c. 热工测量、控制和保护系统的调试已符合启动要求。

（2）试运技术要求

　① 锅炉每次启动均应控制升温、升压速度，并记录膨胀指示器读数，观察膨胀情况。

　　a. 中压系统升温、升压速度的依据如下：

　　　ⅰ. 汽包升压速度：<0.03MPa/min。

　　　ⅱ. 汽包升温速度：$<5℃$/min。

　　　ⅲ. 过热器集箱升温速度：$<25℃$/min。

　　　ⅳ. 其余部分最大升温速度：$<30℃$/min。

　　b. 记录以下情况下膨胀指示器的读数：

ⅰ. 上水前。
ⅱ. 上水后。
ⅲ. 蒸汽压力为 0.5MPa 时。
ⅳ. 蒸汽压力为 1.0MPa 时。
ⅴ. 蒸汽压力为 1.5MPa 时。

② 每次启动前应与燃气轮机有关部门加强联系，以免影响其正常运行。

③ 在调试过程中如发现异常，应停止操作，待查明原因，处理完善后，再进行下一步工作。

（3）单体调试项目

① 烟气挡板的开度指示校验。

② 汽轮机事故按钮校验。

③ 辅助润滑油检查。

④ 烟道系统内部检查。

（4）调试方法、工艺或流程

① 检查烟气挡板的传动装置，校验烟气挡板的开度指示与实际位置应相符。

② 实地检查烟道内部应无杂物，各部件应安装到位。

③ 所属设备单体试验结束且合格，以免影响其正常运行。

（5）余热锅炉试运要求及注意事项

① 余热锅炉第一次启动升压前，应进行一次锅筒工作压力下的严密性水压试验；此时对阀门及未参加超压水压试验的管道及其他承压部件的严密性应加强检查。锅炉启动前，锅炉给水应为合格的化学处理水，其水质指标应符合 GB/T 12145—2016《火力发电机组及蒸汽动力设备水汽质量》的各项规定，上水温度及所需时间可参照相应锅炉运行规程或设备技术文件的规定；水压试验后利用锅炉内水的压力（不低于 50%工作压力）冲洗取样管、排污管、疏水管和仪表管路，以保证其畅通。

② 余热锅炉启动升压前，除应按运行规程和调试措施的要求进行全面检查外，还应注意下列要求：

a. 水位表水位标志清晰，位置正确，照明良好，电源可靠，能清楚地看到水位；控制室内能可靠地监视锅筒水位。

b. 必需的热工仪表及其保护、监测系统均已校调完毕，能投入使用。

c. 各处膨胀间隙正确，膨胀时不受阻碍；膨胀指示器安装正确牢固，在冷状态下应调整到零位。

d. 事故照明、越限报警及锅炉各种保护系统做动作检查试验。

e. 人孔、手孔装置安装严密，附属零件装置齐全。

f. 余热锅炉构架完好无损，检查门严密正常。

g. 蒸汽管路、给水管路和排污管路装置完整，给水泵运转正常。

③ 余热锅炉第一次升压应缓慢平稳，升压速度一般控制在相应饱和温度每小时升高不超过 50℃ 的范围内，升温升压过程中，应注意检查受热面各部分的膨胀情况，监视锅筒上、下壁温差。一般在以下情况下检查和记录膨胀值：上水前；上水后；0.5MPa；1.0MPa；1.5MPa；锅炉额定工作压力。如发现有膨胀不正常情况，必须查明原因并消除不正常情况后方可继续升压。

④ 中压锅炉升压至 0.3~0.5MPa、低压锅炉升压至 0.2MPa 时，应在热状态下对各承压部件新安装或拆卸过的连接螺栓进行热紧螺栓工作。

⑤ 余热锅炉试运过程中，应经常检查锅炉承压部件和烟道的严密性，检查锅炉吊杆、管道支吊架的受力情况和膨胀情况，注意锅炉各部分的振动情况。

⑥ 试运过程中，需注意保证凝水加热器入口处混合后水温不低于 65℃，防止锅炉尾部受热面腐蚀。

⑦ 试运过程中，应对汽水品质进行监督，保证汽水品质合格。

⑧ 在试运过程中，应按设计系统投入低压锅筒加热除氧。

⑨ 在试运过程中，应认真保持水位，防止缺水、满水事故。

(6) 整套启动应完成的调试项目

① 炉本体煮炉工作结束，临时系统已恢复完毕。

② 炉烟风挡板、汽水阀门经操作试验合格。各阀门开关方向正确，动作灵活可靠，全开、全关到位。

③ 锅炉吹管工作结束。临时系统已全部恢复。

④ 锅炉安全门整定工作结束。临时系统已全部恢复。

⑤ 炉辅机顺控（SCS）的检查试验结束。

⑥ 各声光报警信号的检查试验结束。

(7) 调试工艺流程及范围

工质流程及需投入的系统如下：

① 中压系统：锅炉汽包→中压蒸发器→中压过热器→减温器→中压主蒸汽出口集汽联箱→电动主汽门→主蒸汽管道。

② 低压系统：锅炉汽包→低压蒸发器→低压过热器→低压主蒸汽出口集汽联箱。

③ 锅炉保护联锁调试系统。

④ 中压、低压循环泵系统。

⑤ 汽水电动阀门、三通挡板门控制调试系统。

⑥ 余热锅炉烟气系统、脱硝系统。

⑦ 除盐水系统。

⑧ 汽水取样系统及锅炉加药系统。

⑨ 锅炉汽水系统、对空排气及紧急放水。

⑩ 锅炉疏放水和排污系统、海水供给系统（含海水供水和海水循环冷却系统及 $3 \times 1500 m^3/h$ 海水冷却塔）。

⑪ 工业水系统（含工业水供水和除盐水供水及 400m³/h 闭式淡水循环冷却系统）。

(8) 整套启动工作

按启动方案及运行规程的要求进行启炉操作，控制升温、升压速度，完成系统启动中相关工作。

① 冷态启动和停炉试验。

② 锅炉初期负荷调整。

③ 锅炉系统带负荷调整。

④ 锅炉设备运行控制调整。

⑤ 72h+24h 试运行阶段。

余热锅炉——本体带负荷调试验收表如表 3-22 所示，余热锅炉——72h+24h 满负荷试运验收表如表 3-23 所示。

表 3-22　余热锅炉——本体带负荷调试验收表

检验项目	性质	单位	质量标准	检查方法
给水流量		t/h	满足运行要求	观察、记录在线仪表读数
给水压力		MPa	满足运行要求	
高/中/低汽包压力		MPa	满足运行要求	
主蒸汽压力		MPa	满足运行要求	
过热器减温喷水量		t/h	满足运行要求	
主蒸汽温度		℃	满足运行要求	
给水温度		℃	满足运行要求	
炉体密封性			基本不漏	观察
主控管道支吊架			符合设计要求	观察
锅炉膨胀			膨胀舒畅、均匀	观察
设备可投率		%	满足主设备要求	查阅资料

表 3-23　余热锅炉——72h+24h 满负荷试运验收表

检验项目	性质	单位	质量标准	检查方法
给水流量		t/h	符合设计要求	观察、记录在线仪表读数
给水压力		MPa	符合设计要求	
中/低汽包压力		MPa	符合设计要求	
主蒸汽压力		MPa	符合设计要求	
过热器减温喷水量		t/h	符合设计要求	
主蒸汽温度		℃	符合设计要求	
给水温度		℃	符合设计要求	

续表

检验项目	性质	单位	质量标准	检查方法
炉体密封性			基本不漏	观察
主要管道支吊架			符合设计要求	观察
锅炉膨胀			膨胀舒畅、均匀	观察
设备可投率		%	满足主设备要求	查阅资料

(9) 锅炉并汽操作

① 并汽前应做好的工作

a. 蒸汽管道表面保温良好。

b. 蒸汽管路支吊架完整，限制膨胀销已取下。

c. 蒸汽管路各段疏水门已开，已充分暖管。

d. 蒸汽压力、温度与母管蒸汽压力、温度接近。

e. 各联络电动门关闭。电动门送电开关试验良好。

② 并汽操作步骤

a. 锅炉正常运行状况下，准备并汽，锅炉主蒸汽电动门已全开，稍开并汽电动门前后疏水门。

b. 并汽电动门前后疏水门跑汽充分暖管，并汽压力高于母管压力 0.1～0.2MPa、温度高于母管温度 2～5℃时，联系汽轮机人员开始并汽，并汽开始时应缓慢开启并汽电动门，观察两侧温度、压力变化情况，如变化不大继续开并汽电动门直至全开，如有变化应停止操作，待查明原因并处理后再开并汽电动门。

c. 系统投入正常后，关闭所有疏水门。

③ 注意事项

a. 系统疏水门尽量开大，充分暖管。

b. 并汽电动门手动就地开启，操作缓慢进行。

c. 定期巡视检查温度变化情况，用测温枪测温并与就地温度表对照参数。

d. 及时与汽轮机人员联系沟通，密切注意并汽电动门后的温度，压力，与之对照参数。

e. 并汽前，密切观察主蒸汽的参数，压力要略高于母管压力。

f. 并汽时，开门要缓慢，避免汽水冲击，管路振动，损坏设备。

g. 并汽后，注意主蒸汽至蒸汽母管流量的变化。

h. 并汽后，用汽量的增加会使锅炉参数发生变化，及时调整锅炉工况。

i. 做好事故预想。发生汽水冲击立即停止暖管及投入。

3.7.2 汽轮机及辅助系统调试

3.7.2.1 给水、除氧系统调试方案

(1) 试运前应具备的条件

① 操作控制功能及联锁保护应能正常投用。

② 电动给水泵进口管静压冲洗结束。

③ 除氧、给水系统所有设备、管道安装结束，并经验收签证。

④ 热工仪表及电气设备安装、校验完毕。

⑤ 电动给水泵电机单体试运行结束。

⑥ 各阀门单体调试结束，开、关动作正常。

⑦ 电机绝缘测试合格。

⑧ 保证轴承油杯油位处于正常位置。

(2) 给水泵再循环试运行

① 试运前检查、确认满足以下条件：

a. 根据分系统调试前检查清单，确认各设备、管路及电气接线等符合要求。

b. 保护试验及联锁试验完成，符合要求。

c. 电机的绝缘电阻经过测量符合要求，电机外壳接地可靠。

d. 润滑油位正常。

e. 确认泵组对轮均已连接，盘动对轮灵活。

f. 设备基础螺栓紧固可靠。

g. 轴瓦冷却水正常。

h. 解除禁止泵组启动的联锁条件。

i. 给水泵再循环阀门在全开位置。

j. 除氧器至低压给水母管手动截止门全开。

k. 除氧水箱水位正常。

l. 凝结水系统调试完毕，凝结水管路冲洗结束，凝结水泵具备启动、向除氧水箱上水的条件。

m. 化学车间具备制水条件，并随时可以向除氧器、凝汽器补水。

② 启动电动给水泵，记录启动电流。

③ 检查电动给水泵运行状况并做好记录。

④ 电动给水泵组试运期间要经常循检如下项目：

a. 检查润滑油位。

b. 检查电机轴承温度。

c. 检查泵轴承温度。

d. 检查系统泄漏情况。

e. 检查轴承振动。

⑤ 电动给水泵试运时间为 4~8h，试运结束应对给水泵入口滤网进行清扫。

⑥ 用同样方法试转另外一台锅炉的给水泵和除氧器。

(3) 给水系统管道冲洗

① 冲洗目的是将管道内的杂质冲洗干净，保证锅炉上水要求的水质，以免杂质进入锅炉。

② 冲洗前的准备工作

a. 现场的各项安全保障措施准备就绪。

b. 给水冲洗系统已安装完毕。

c. 系统设备经详细检查确认，与给水母管水有关的各系统妥善隔离，满足冲洗要求。

d. 系统内的电动阀门调试完毕，并且工作正常。

e. 系统内的各设备、阀门挂牌并且无误。

f. 确认应隔离的阀门已挂"禁止操作"牌。

g. 系统内各临时管路安装完毕，固定牢靠。

h. 系统冲洗的出水端场地已安放隔离标志。

i. 给水管道在省煤器入口联箱处断开，并通过临时管道引至地沟。

j. 冲洗前应拆除给水及减温水孔板、调节门芯，以免冲坏。

k. 冲洗临时管安装时应牢固可靠，不使管道振动过大，临时管管径应不小于正式管道管径，临时管排水地点根据涠洲终端燃气轮机电站余热回收发电项目锅炉现场实际情况由电厂、安装、监理、调试人员共同商定。

l. 冲洗时应注意通信联系工作，统一指挥。

(4) 冲洗流程

除氧器水箱→给水泵→给水母管→锅炉中压省煤器入口前断口→临时排放管

(5) 冲洗过程

① 关闭系统内所有阀门，确认管道放气阀全开。

② 开启给水再循环阀门，然后启动给水泵。

③ 给水泵所对应的出口电动门手动开启，开启过程中将向系统注水，发现管道放气阀连续有水流出后应立即关闭放气阀。

④ 注意给水泵的电流不超额定值。

⑤ 对 1♯锅炉进行冲洗时注意除氧器的补水量，运行人员要控制好除氧器水位，除氧器水位不得低于玻璃管水位计 1/2，低于 1/2 水位时应停止冲洗，恢复正常后再冲洗，同时做好协调和联系工作。

⑥ 给水管路的冲洗采用锅炉主给水调节门旁路电动门进行控制，冲洗 10~20min 后检查水的浊度并化验水质，如不符合要求继续冲洗。

⑦ 每冲洗一个回路检查水的浊度，如各回路符合要求（出水清澈）并化验合格则给水管管道冲洗完毕。

⑧ 所有管路冲洗完毕后，关闭给水系统各阀门。

⑨ 1#炉给水系统冲洗完毕后，如条件允许可以开始冲洗 2#炉给水系统。

（6）冲洗注意事项

① 加强调度和联系，要做好事故预想，给水系统必须确认各项保护已正确投入，并且给水泵就地事故按钮好用。

② 冲洗期间，注意监视除氧器水位，生产部门应编制运行技术措施。

③ 大流量冲洗期间，注意给水泵的运行状况。

④ 给水管道严重泄漏且无法及时解决时，停止冲洗。

⑤ 发生危及人身或设备安全情况时，停止冲洗。

（7）除氧器的投运

① 确认除氧器水位正常。

② 检查除氧器排氧门有一定开度。手动操作辅汽至除氧器压力调节阀，缓慢提升压力，加热除氧器水箱至合适的温度。

③ 根据情况，可启动给水泵进行循环。

④ 检查投入运行的设备是否工作正常。

⑤ 通过调整排汽阀开度、给水流量、补充水流量、进入除氧器的各疏水流量、水箱水位等，对给水进口温度、压力、出水温度、加热蒸汽温度、压力、除氧器内温度、压力、出水含氧量等参数进行测量观察，以确保最佳运行工况。

⑥ 应经常检查除氧器系统无漏水、振动现象，检查除氧器就地表计与远传表计指示相符。

⑦ 应经常检查水位及压力调节装置、各阀门动作灵活。

⑧ 保证除氧器含氧量合格，及时调整除氧器排汽阀开度。

⑨ 冬季应加强系统检查，防止设备、表计及管道结冻造成冻裂和表计指示虚假的现象。

3.7.2.2 凝结水系统调试方案

（1）调试说明

① 凝结水系统调试冲洗试运应在单体调试和分部试运后进行，以确认凝结水泵及凝结水系统所有设备、管道安装正确无误，设备运行性能良好，控制系统工作正常，系统能满足机组整套启动需要。

② 在凝结水分系统试运行期间，首次启动凝结水泵时，应先通过凝结水再循环将凝结水打回凝汽器热水井中，待凝结水泵工作正常后，启动放水管路，将冲洗的污水排入地沟中，水质合格后将水打入除氧水箱中。

③ 调试期间，系统内各设备的运行、操作应严格按照制造商有关说明及电

厂运行规程执行，以确保设备安全运行。

（2）凝结水泵启动前应具备的条件

① 凝结水泵、凝结水系统所有设备、管道安装结束，并经验收签证。

② 凝结水泵和电机单体试运行结束；操作控制功能及联锁保护投切正常；热工仪表及电气设备安装、校验完毕。

③ 系统设备经详细检查确认，满足凝结水系统分系统试运和凝结水管路冲洗要求。

④ 凝结水泵出口阀门、再循环调整气动门、启动放水门以及系统内手动门等调试完毕，并且工作正常。

⑤ 两台凝结水泵电机绝缘测量合格，电机外壳接地可靠。

⑥ 检查设备基础螺栓牢固可靠。

⑦ 对轮连接完好，盘动灵活，并有防护罩。

⑧ 密封水门开启，投入运行。

⑨ 凝结水泵轴承润滑油位正常。

⑩ 调试资料、工具、仪表、记录表格已准备好。

⑪ 试运现场已清理干净，安全、照明和通信措施已落实。

⑫ 仪控、电气专业有关调试结束，配合机务调试人员到场。

⑬ 系统调试组织和监督机构已成立，并已有序地开展工作。

⑭ 系统内的各设备、阀门挂牌并且无误。

⑮ 现场的各项安全保障措施准备就绪。

⑯ 确认应隔离的阀门已挂"禁止操作"牌，系统冲洗的出水处场地已安放隔离标志。

（3）凝结水泵再循环试运行

① 试运前检查、确认满足以下条件：

a. 根据分系统调试前检查清单，确认各设备、管路及电气接线等符合要求。

b. 保护试验及联锁试验完成，符合要求。

c. 凝结水泵轴瓦润滑工作正常。

d. 凝结水泵再循环电动门及前后手动截止门在全开位置，其旁路门关闭。

e. 通知化学专业启动除盐水泵对凝汽器进行补水，将凝汽器热水井中的凝结水补至正常水位。

② 通过画面点击启动电动凝结水泵，凝结水泵启动后手动开启对应的出口电动门，凝结水泵出口水流稳定后记录凝结水泵电机的启动电流。

③ 检查凝结水泵运行状况并做好记录。

④ 凝结水泵试运期间要经常巡检如下项目：

a. 检查润滑油位。

b. 检查电机轴承温度。

c. 检查泵轴承温度。

d. 检查系统泄漏情况。

e. 检查轴承振动。

⑤ 每台凝结水泵试运 4~8h，一切正常为合格。

⑥ 用同样方法试运另一台凝结水泵。

⑦ 两台凝结水泵试运结束，条件具备时应立即着手进行凝结水管路的冲洗工作。

（4）凝结水系统管道冲洗

将凝汽器内以及凝结水管道内的杂质冲洗干净，保证输送到除氧器的凝结水的水质满足要求，防止杂质进入除氧水箱中。

① 冲洗前的准备工作

a. 现场的各项安全保障措施准备就绪。

b. 凝结水清洗系统已安装完毕。

c. 系统设备经详细检查确认，满足凝结水系统冲洗要求。

d. 系统内的所有电动、手动阀门调试完毕，并且工作正常。

e. 系统内的各设备、阀门挂牌并且无误。

f. 确认应隔离的阀门已挂"禁止操作"牌。

g. 系统冲洗的出水端场地已安放隔离标志。

h. 凝结水系统冲洗时应注意通信联系工作，统一指挥。

② 冲洗流程

a. 流程 1：凝结水泵→轴封加热器旁路→主凝结水母管→1♯锅炉给水预热器→1♯除氧器除氧头入口法兰连接前断口并连接临时排放管道。

b. 流程 2：凝结水泵→轴封加热器旁路→主凝结水母管→2♯锅炉给水预热器→2♯除氧器除氧头入口法兰连接前断口并连接临时排放管道。

③ 系统冲洗

a. 全开 1♯凝结水泵入口手动门，开启 1♯凝结水再循环电动门，确认凝汽器热水井水位正常后，启动 1♯凝结水泵。

b. 启动后，凝结水系统以再循环方式运行。

c. 1♯凝结水泵稳定工作后，手动缓慢开启其出口门，进行管路冲洗，出口门开启过程中应注意管道振动情况。

d. 冲洗 10~20min 后检查水的浊度，如不符合要求继续冲洗，直至水质目测清澈透明并化验合格为止。

e. 目测及化验冲洗水质合格后，开启气封加热器入口、出口手动门冲洗加热器内路，并逐渐关闭凝结水再循环调整门，直至冲洗水质满足要求，记录凝结水泵电机电流。

3.7.2.3 润滑油系统、盘车装置调试方案

(1) 系统调试前应具备的条件

分系统调试要按照 DL/T 5437—2009《火力发电建设工程启动试运及验收规程》的要求以分系统条件检查确认表为依据逐项检查，以下为重点关注项目：

① 主机润滑油系统所有设备、管道安装结束，并经验收签证。

② 热工仪表及电气设备安装、校验完毕，并提供有关仪表及压力、温度、振动等的校验清单。

③ 主机润滑油系统各泵电机单转试验结束，已确认运行状况良好，转向正确，参数正常，DCS 状态显示正确。

④ 各阀门单体调试结束，开、关动作正常，限位开关就地位置及 DCS 状态显示正确。

⑤ 主机润滑油系统临时冲洗的管道已恢复。

⑥ 各泵电机绝缘测试合格。

⑦ 泵和电机轴承已注入合格的润滑脂（油）。

⑧ 电机外壳接地良好。

⑨ 检查设备基础地脚螺栓紧固。

⑩ 系统调试组织和监督机构已成立，并已有序地开展工作。

⑪ 主油箱油位正常。

⑫ 调试资料、工具、仪表、记录表格已准备好。

⑬ 试运现场已清理干净，安全、照明和通信措施已落实。

⑭ 仪控、电气专业有关调试结束，配合机务调试人员到场。

(2) 调试步骤

系统调试时依次分别启动交流辅助油泵、交流事故油泵及高压电动油泵，调整润滑油压至 0.08～0.12MPa。润滑油压低时启动交流辅助油泵。投入主机盘车，交流事故油泵投入联锁备用。

① 启动油泵前的检查准备

a. 盘动泵的转子应无卡涩，保护罩安装完好。

b. 检查应投入的热工、电气保护是否已投入。

c. 确认电机绝缘合格后开关送电，开关挂牌。

d. 检查泵的启、停条件是否满足。

e. 全开油泵入口门和出口门，打开系统放空气门，对系统进行注油，当放空气门没有空气排出后，关闭放空气门和泵的出口门。

② 系统试运

a. 启动油泵，记录启动电流，然后慢慢开启泵的出口门，调整泵的出力达到额定值，确认电流在正常范围之内。

b. 检查泵的运转声音正常，泵的轴承温度正常，并检查系统有无漏油点，管道支吊架是否晃动。

c. 试运转过程中及时记录泵组振动和轴承温度及泵的出口压力等指标。

d. 试运转应连续运行 2h 以上，如各轴承温升速度不大，且未超过标准，其他指标也未见异常，则可结束试运。

e. 停止油泵运行。

③ 低油压保护试验

a. 启动高压电动油泵。

b. 打开润滑油压压力开关一、二次门，检查开关是否正常，然后关闭各开关一、二次门。

c. 停止高压电动油泵。

d. DCS 投入交、直流辅助润滑油泵联锁。

e. 依次做各保护动作值试验。

ⅰ. 打开 0.055MPa 压力开关泄压阀，当油压降至 0.055MPa 时，发出报警信号。

ⅱ. 打开 0.04MPa 压力开关泄压阀，当油压降至 0.04MPa 时，联启交流辅助油泵，此项联锁试验完毕后解除交流辅助润滑油泵联锁。

ⅲ. 打开 0.03MPa 压力开关泄压阀，当油压降至 0.03MPa 时，联启交流事故油泵，此项联锁试验完毕后解除交流事故油泵联锁。

ⅳ. 打开 0.02MPa 压力开关泄压阀，当油压降至 0.02MPa 时，联锁保护动作停机，关闭主汽门、调速汽门。

ⅴ. 投入汽轮机盘车，打开 0.015MPa 压力开关泄压阀，当油压降至 0.015MPa 时，盘车停止。

3.7.2.4 汽轮机及周围管道系统吹扫方案

（1）管道蒸汽吹扫前应具备的条件

① 相关系统的设备、管道及阀门均安装完毕，管道保温已经结束。与蒸汽吹扫管道有关的电动门、手动门应校验合格，开、关灵活，无卡涩现象。

② 下临时管道及排汽口安装完毕，且固定可靠、膨胀良好。

a. 锅炉主蒸汽母管至 1# 汽轮机凝汽器用一级减温减压器减压阀前断口，接临时蒸汽吹扫排放管道。

b. 锅炉主蒸汽母管至一级旁路减温减压器减压阀前断口，接临时蒸汽吹扫排放管道。

c. 锅炉补汽母管来蒸汽至机组气封均压箱手动截止门后断口，应采取措施拉开一定距离以便使吹扫流量足够大，同时汽轮机轴封侧断口应加装临时堵板，以有效防止杂物吹进汽轮机轴封中（如条件允许均压箱至气封供气管道也要进行吹扫）。

③ 吹扫管道上易被冲坏的测温、测压元件以及调节阀芯、流量孔板等在吹扫时应该采取预防措施。上述系统中的减温减压器的减温水进口均应封堵，以有效防止垃圾进入减温水管道中。

④ 相关系统的各个阀门挂牌、命名工作已经完成。

⑤ 参加吹管的人员配置齐全，组织分工明确，相关安全保护措施已经落实。

(2) 吹管工艺

汽轮机辅汽系统蒸汽吹管工作安排在锅炉主蒸汽管道吹管靶板合格后，利用锅炉准备停炉时的余压采用定压吹扫的方式进行。汽轮机辅汽吹扫各个阶段所对应的参数如下：对汽轮机凝汽器用一级减温减压器前进汽管道进行吹扫时，锅炉采用定压方式运行，吹管时主蒸汽母管蒸汽参数控制在 0.4~0.5MPa，160℃；对于汽轮机气封管道的蒸汽吹扫，吹管时主蒸汽母管蒸汽参数控制在 0.1~0.2MPa，120℃。

① 1#、2#锅炉至汽轮机凝汽器用一级旁路减温减压器前的蒸汽吹扫

a. 吹扫流程：1#、2#锅炉主蒸汽母管→汽轮机凝汽器→一级旁路减温减压器前临时排放管道。

b. 确认待吹管道系统阀门与所涉及在建设备、系统有关阀门处于关闭状态。

c. 稍开启锅炉主蒸汽母管至机组凝汽器用一级旁路减温减压器前旁路吹扫控制电动门（即凝汽器用一级旁路减温减压器进汽电动门）进行暖管，管道疏水应排放至地沟。

d. 1#、2#锅炉采用定压运行方式，主蒸汽母管的运行参数控制在：蒸汽压力 0.4~0.5MPa，温度 160℃。用上述电动门控制吹扫时间和次数，该流程至少吹扫三次，每次 5~10min，吹扫间隔为 5min，直至所排放的蒸汽清澈为止。

② 1#、2#锅炉补汽至汽轮机气封管道的蒸汽吹扫

a. 吹扫流程：1#、2#锅炉补汽→补汽母管→均压箱前后→气封供汽管道。

b. 确认待吹管道系统阀门与所涉及在建设备、系统有关阀门处于关闭状态。

c. 稍开启锅炉主蒸汽母管至除氧器用减温减压器前轴封吹扫控制总电动门（即除氧器用减温减压器进汽1#电动门）进行暖管，管道疏水排放至地沟；经过充分暖管后，全开轴封吹扫控制总电动门。

d. 1#锅炉采用定压运行方式，吹扫过程中补汽母管的运行参数控制在：蒸汽压力 0.1~0.2MPa，温度 120℃。手动开启机组均压箱上吹扫控制门，以此控制吹扫时间和次数，该流程至少吹扫三次，每次 5~10min，吹扫间隔为 5min，直至所排放的蒸汽清澈为止。

3.7.2.5 汽轮机调节保安系统调试方案

(1) 调试说明

① 调节保安系统调试要求仪控系统安装结束，油质化验合格并由有资质的

单位出具的化验报告。从交流启动油泵电机单体试转后的交接验收开始，包括联锁保护试验、系统投运及动态调整等项目。

② 调试期间，系统内各设备的运行、操作应严格按照制造商有关说明及涠洲终端余热回收电站项目汽轮机运行规程执行，以确保设备安全运行。

(2) 调试前应具备的条件

① 油系统所有设备、管道安装结束，并经验收签证。

② 热工仪表及电气设备安装、校验完毕，并提供有关仪表及压力、温度、差压等的校验清单。

③ 交流启动油泵电机单转试验结束，已确认各设备转向正确，参数正常，状态显示正确，运行状况良好。油质合格。润滑油及盘车系统调试完毕。

④ 各阀门开、关动作正常，油管路安全门校验合格。

⑤ 电机绝缘测试合格。

⑥ 泵和电机轴承已注入合格的润滑脂。

⑦ 油管道冲洗结束，各节流孔畅通，无堵塞现象，油质化验合格。

⑧ 系统安全油压建立。

⑨ 油箱油温控制在 35~45℃，冷油器冷却水供应可靠。

(3) 调试内容

① 停机电磁阀动作性能测定。

② 低油压保护试验。

③ 主机 ETS 保护确认：轴向位移大、低真空、TSI 超速、轴承振动大、推力瓦块温度高、径向瓦块温度高、DCS 停机、润滑油总管压力低、胀差大停机、发电机跳闸。

④ 主机喷油试验。

⑤ 汽轮机超速试验。

(4) 调试方法

① 停机电磁阀组件动作试验

a. 在 DCS 画面挂闸，检查主汽门打开，调速汽门关闭。

b. 手动开启危急遮断器，主汽门应关闭。

c. 在 DEH 画面中按停机按钮，停机电磁阀动作，主汽门关闭。

d. 在主控室立盘上按汽轮机跳闸强手操按钮，停机电磁阀动作，主汽门关闭。

② 低油压保护

a. 启动高压电动油泵；投入主机盘车，汽轮机挂闸，检查主汽门开启。

b. 投入备用交流辅助油泵联锁、交流事故油泵联锁、主机盘车联锁。稍开就地泄仪表母管压力表放油门，使润滑油压降至 0.055MPa 报警；压力降至 0.04MPa 交流辅助油泵联动，将所联动的交流辅助油泵停止。当油压降至

0.03MPa 时，交流事故油泵联动，将所联动的直流辅助油泵停止。当油压降至 0.02MPa 时，电磁阀动作，主汽门、调节汽门、补汽门关闭。当油压降至 0.015MPa 时，主机盘车停止。

③ 主机保护

a. 远方挂闸，开启主汽门，调速汽门关闭，打开补汽门。

b. 在热工人员的配合下，TSI 输出轴向位移停机信号（主机 ETS 保护确认：轴向位移大、低真空、TSI 超速、轴承振动大、推力瓦块温度高、径向瓦块温度高、DCS 停机、润滑油总管压力低、胀差大停机、发电机跳闸），检查主汽门关闭，补汽门关闭。

④ 运行状态下的调试

a. 稳定汽轮机转速在 3000r/min，手动打闸试验，确认机组跳闸，主汽门、调速汽门、补汽门关闭，转速下降。

b. 进行汽轮机危急遮断器的喷油试验：机组转速在 3000r/min 时，把危急遮断试验装置的切换阀手柄压下，将危急遮断油门从保安系统中解除。同时旋转注油阀手轮，使注油滑阀到底。此时，喷射油通过主油泵轴进入危急遮断器底部，危急遮断器飞锤在离心力和油压力作用下飞出，将危急遮断油门挂钩打脱。危急遮断器动作后，先关闭注油阀，用复位阀使危急遮断油门重新挂闸，然后放松切换阀手柄，使危急遮断油门重新并入保安系统。

c. 汽轮机主汽门、调速汽门严密性试验

ⅰ. 汽轮机转速在 3000r/min 时，主汽压力、温度为额定值，并维持稳定。

ⅱ. 关闭调速汽门，自动主汽门全开，进行调速汽门的严密性试验。

ⅲ. 机组恢复至 3000r/min 的运行状态，关闭自动主汽门，调速汽门处于全开状态，进行自动主汽门的严密性试验。

ⅳ. 自动主汽门、调节汽门分别在全关的情况下，转速下降到 1000r/min 以下为合格。

ⅴ. 汽轮机主汽门、调速汽门严密性试验合格后，重新升速稳定到 3000r/min。

d. 配合电气部门做电气试验。

e. 机组超速试验

ⅰ. OPC 动作试验：确认 OPC 开关置于投入位置，设置转速升高速度为 50r/min，目标转速为 3090r/min，按进行键，进行 OPC 试验。转速到 3090r/min 时，OPC 应动作，调节汽门关闭，在转速降到 3000r/min 以下后调速汽门打开，使汽轮机转速重新稳定到 3000r/min。

ⅱ. ETS 动作试验

（ⅰ）在 ETS 画面上将电超速试验开关置于投入位置，将 DEH "超速保护"钥匙开关置于试验位置。

（ⅱ）将机头超速试验手柄置于试验位置。

（ⅲ）设置转速升高速度为50r/min，设定目标转速为3270r/min，进行电超速试验。记录汽轮机ETS超速动作转速值，转速升至3270r/min时电超速保护应动作。

（ⅳ）试验完成后，将机组转速恢复至3000r/min。

ⅲ. TSI动作试验：设置转速升高速度为50r/min，设定目标转速为3390r/min，进行仪表超速试验。记录汽轮机TSI超速动作转速值，转速升至3390r/min时超速保护应动作。

ⅳ. 机械超速试验

（ⅰ）ETS、TSI试验结束后，将转速恢复至3000r/min。在DEH画面上将机械超速试验开关置于投入位置，屏蔽电超速功能，解除OPC保护。

（ⅱ）设置转速升高速度为50r/min，目标转速为3360r/min，汽轮机升速，进行机械超速试验。

（ⅲ）观察汽轮机转速表，当汽轮机危急遮断器动作时，记录动作转速。

（ⅳ）如果汽轮机危急遮断器的动作转速在3300～3360r/min之间，则危急遮断器动作转速满足要求，否则，必须停机调整危急遮断器飞锤的弹簧力，重新进行机械超速试验，确保遮断动作转速在3300～3360r/min范围内。

（ⅴ）机械超速试验完成后，必须将机械超速试验开关置于解除位置，恢复电超速功能。

超速试验注意事项如下：
- 做超速试验时应由专人指挥，就地和控制室也必须安排专人监视转速。
- 在做DEH超速试验时转速超过3300r/min时必须立即打闸停机。
- 机械超速试验共进行两次，两次的动作转速的偏差不应大于18r/min。危急遮断器动作后机组停机，待转速降至3000r/min以下时，才允许危急遮断油门复位。
- 若动作转速值不符合要求，可调整危急遮断器的调节螺母，以此改变弹簧预紧力，使连续两次动作值在要求范围内。调整后按要求把调整螺母锁牢。
- 超速试验时应密切监视机组振动、轴向位移、胀差、排汽缸温度和轴承温度。

f. 汽轮机惰走试验：汽轮机超速试验完成后，将机组转速重新稳定至3000r/min，机组打闸测定汽轮机在不破坏真空情况下的惰走时间。

3.7.2.6 真空系统调试方案

（1）系统功能

真空系统的功能是在机组启动及正常运行中，由真空泵将凝汽器及处于负压运行的系统中不凝结气体抽出去，维持汽轮机处于较高的真空，提高热力循环的热效率，使机组正常、安全、经济地运行。汽轮机真空系统由主机凝汽器、真空泵及其管道、阀门组成。

每台机组配有两台水环式真空泵，主要由电动机、真空泵等组成。机组正常运行时，一台泵工作，另一台泵备用。

（2）系统设备参数

① 水环式真空泵参数如下：

型号：2BE1-203-0

真空泵极限吸入压力：3.3kPa

真空泵混合空气出力：17m^3/min

真空泵效率：＞30%

转速：980r/min

最大轴功率：29.8kW

电动机功率：37kW

制造厂：湖北神珑泵业有限公司

② 水环式真空泵电机参数如下：

型号：YE3-250M-6

电压：380V

额定功率：37kW

转速：980r/min

绝缘等级：F级

（3）调试说明

① 真空系统调试从真空泵单体调试结束、真空系统管道及设备安装结束后的动态交接验收开始，包括联锁保护试验、系统抽真空以及系统投运及动态调整等项目。

② 为保证泵电机及真空泵试运行安全、可靠地进行，联锁保护试验安排在电机及泵试运前进行，如因条件限制不能全部完成，部分不影响试运的项目可延后进行。

③ 调试期间，系统内各设备的运行、操作应严格按照制造商有关说明及电厂运行规程执行，以确保设备安全运行。

（4）调试前应具备的条件

① 系统所有设备、管道安装工作全部结束，系统设备验收合格。

② 真空泵电动机单转试验正常，转向正确，并连续运行2h以上。

③ 凝结水系统、循环水系统及冷却水系统均已试运正常，可以投入运行。

④ 真空系统各种表计校验安装完毕，确认指示正确。

⑤ 试运现场已清理干净，安全、照明和通信措施已落实。

⑥ 检查设备基础地脚螺栓已紧固。

⑦ 泵组对轮已连好，盘动对轮轻松灵活，并有防护罩。

⑧ 电机绝缘测量合格，外壳接地良好。

⑨ 油窗油位正常。
⑩ 真空泵的冷却水水流正常。
⑪ 联系厂家代表，协助启动。
⑫ 仪控、电气专业有关调试结束，配合机务调试人员到场。

(5) 真空系统查漏

① 真空系统的查漏范围

a. 凝汽器汽侧及抽空气系统。

b. 疏水扩容器系统。

c. 凝结水泵的抽空气系统。

d. 气缸本体。

e. 与凝汽器汽侧相连的其他系统。

f. 静压检漏前应做好必要的保护措施，以防汽轮机排汽口等其他设备损坏。

② 真空系统泡水试验

a. 化学车间除盐水向凝汽器热井补水，根据凝汽器水位上升情况，随时检查有关系统，有漏水之处及时做好记录并相应解决。

b. 要求凝汽器汽侧水位到汽轮机气封洼窝以下 100mm 处，各抽汽管道以及其他管道和设备在主机启动时处于真空状态。

c. 凝汽器泡水试验前，应接临时液位计（透明软管），凝汽器下部应做支撑。

(6) 真空系统的保护、联锁试验

① 真空泵故障跳闸、凝汽器真空低故障联锁试验。

② 凝汽器真空低，联动备用泵。

③ 真空泵与入口电动阀联锁试验。启动真空泵，电动阀前后压差小于 0.3MPa 时，电动阀开启；真空泵停止，电动阀关闭。

④ 真空破坏门开关试验。

(7) 水环式真空泵试转

① 真空泵启动准备

a. 检查系统及管道安装的正确性；检查各种阀门的开闭是否正确；检查各压力开关及压差开关的设定是否正确；校对压力表、真空表、温度计的仪表是否正确，并打开各测点一、二次门。

b. 检查轴承的润滑脂是否足够。

c. 用清水冲洗泵 15~20min，将泵内的污水排出。

d. 用手或其他辅助工具将泵轴缓慢旋转几周，确认无卡涩现象。

e. 确认电机的转向正确。

f. 汽水分离器顶上有气体排出时应自如。

g. 检查低水位控制器工作是否正常，由低水位控制器向泵注入工作水，当水位升高至最低水位刻度以上时，低水位控制器停止供水。确认水位稳定约

5min 后,再次进行检查,水位应无变化。

h. 继续向装置供水,直至高水位控制器有水由溢流口流出时,关闭供水球阀。此时,装置的水位应处于最高水位刻度线。

i. 投入循环水和凝结水系统,运行正常。

j. 投入真空泵热交换器,系统正常。

② 真空泵的启动

a. 启动电机,水环真空泵运转,泵内形成水环,并进入工作状态,产生真空。当进口电动蝶阀的前后压差达设定压力时,电动蝶阀开启。

b. 记录真空泵启动电流和稳定电流。

c. 检查泵的振动、轴承温升、汽水分离器水位调整和冷却器工作情况。

d. 检查泵体的温度,如果温度快速上升或温度比进汽或密封液高出 14℃,应立即停泵,查明原因。

e. 记录真空泵试转的有关数据、时间与真空值上升的关系曲线,以及未投轴封情况下真空达到的最大值。

f. 真空泵试转 2h 后正常停泵,停泵时进口蝶阀自动关闭。

(8) 系统运行监视

① 供电电压是否正常。

② 电机电流是否正常。

③ 泵的运转声音是否正常。

④ 轴承的温度是否正常,轴承的温升不应超过 50℃,实测温度不应超过 75℃。

⑤ 汽水分离器的液位是否在刻度线规定的范围内。

⑥ 泵的工作水温是否正常。

⑦ 热交换器的冷却水供水压力、供水量是否正常,热交换器的换热效果是否正常。

⑧ 低水位控制器的工作供水压力是否正常。

(9) 注意事项

① 启动时电流不正常或泵组内有明显的摩擦声,应立即停泵。

② 热交换器冷却水中断且汽水分离器中水温过高时,应立即停泵。

③ 检查泵内水量和自动排水阀有水流出,否则严禁启动真空泵。

④ 运行期间,注意检查轴瓦振动及温度,如有异常立即停泵检查。

3.7.2.7 汽轮机整套启动调试方案

(1) 机组整套启动应具备的条件

① 汽轮发电机组安装工作全部结束,辅机单体和分系统安装工作已完成,热工调节控制、联锁保护、报警信号及运行监视系统静态调试完毕。

② 汽轮机调节系统及润滑油系统清理完毕，油循环结束并且化验合格。

③ 调节系统、润滑油系统调试结束，包括 EH 油泵、润滑油泵、交流事故油泵，以及电气部分、热控部分调节控制系统的执行机构调整结束。

④ 汽、水系统化学清洗、冲洗、吹扫完成。

⑤ 给水泵及其他辅机分部试运结束。

⑥ 辅助蒸汽、轴封、凝结水、循环水、真空、除氧器、加热器以及疏水系统安装结束，分部试运完成，具备运行条件。

⑦ 发电机冷却水系统具备运行条件。

⑧ 盘车系统调试完毕，热控部分调整结束。

⑨ 厂房内地面平整，道路畅通，照明充足，通信联络可靠。

⑩ 设备、管道、阀门的标牌经确认无误，工质流向标示正确。

(2) 汽轮机控制系统 DEH 仿真试验

① 机组启动过程的试验。

② 机组带负荷过程的试验。

③ 机组的超速保护试验（103%、110%）。

(3) 汽轮发电机组热工报警、保护及联锁试验

① 超速试验

a. 汽轮机超速：3090r/min 报警。

b. 汽轮机机械超速：3300～3330r/min 停机。

c. DEH 超速：3300r/min 停机。

d. TSI 超速：3360r/min 停机。

② 轴瓦温度：85℃ 报警；100℃ 停机。

③ 凝汽器真空：-84kPa 报警；-60kPa 停机。

④ 转子轴向位移：+0.6～-0.6mm 报警；+1.0～-1.0mm 跳机。

⑤ 汽轮机胀差：-1～2mm 报警；-2～3mm 停机。

⑥ 润滑油压力为 0.08～0.12MPa 正常。

⑦ 当润滑油压力降至 0.04MPa 联动交流油泵；降至 0.03MPa 联动交流事故油泵。

⑧ 当润滑油压力降至 0.02MPa 停机；降至 0.015MPa 跳盘车。

⑨ 蒸汽温度高：430℃ 报警。

⑩ 主蒸汽温度低：405℃ 报警。

⑪ 主蒸汽压力高：2.6MPa 报警。

⑫ 主蒸汽压力低：2.1MPa 报警。

⑬ 后气缸超温：空负荷＜100℃；带负荷＜76℃。

⑭ 轴承振动：0.05mm 报警；0.07mm 停机。

⑮ 一台凝结水泵跳闸另一台联动。

⑯ 一台循环水泵跳闸联动备用循环水泵（四台循环水泵运行）。

⑰ 给水泵跳闸联动另一台给水泵。

⑱ 给水泵电机轴承温度高：90℃停给水泵。

⑲ 给水泵轴承温度高：75℃报警。

⑳ 给水泵电机后轴承温度高：90℃停给水泵。

㉑ 给水泵电机定子线圈温度高：110℃报警。

㉒ 给水泵电机定子线圈温度高：130℃停给水泵。

㉓ 除氧器水位高报警值：+200mm。

㉔ 除氧器水位高高报警值：+280mm（开启放水门）。

㉕ 除氧器水位停机值：±360mm。

㉖ 发电机主保护动作，汽轮机跳闸。

㉗ DEH 停机保护动作。

㉘ 手动停机。

㉙ 手动停机（DEH 画面）。

㉚ 发电机主保护动作。

（4）汽轮机静态试验

① 主汽门、调速汽门关闭时间测定试验。

② 排油烟机试验。

③ 交流油泵启动、停止试验。

④ 交流事故油泵启动、停止试验。

⑤ 润滑油压整定及低油压联锁试验。

⑥ 盘车装置投入运行。

⑦ 轴封系统试验。

⑧ 凝结水泵及凝结水系统试验。

⑨ 循环水泵及循环水系统试验。

⑩ 给水泵及除氧给水系统试验。

⑪ 真空系统的试验。

⑫ 试验条件

a. 给水泵在停运状态。

b. 凝结水泵在停运状态。

c. 机组在停机状态，主蒸汽无压力。

（5）机组整套启动程序

① 整套启动前的条件确认→辅机分系统投入→机组冲转→盘车脱扣检查→摩擦检查→低速（500r/min）暖机→中速（1100r/min）暖机→高速（2300r/min）暖机→2850r/min 左右主油泵参加工作→定速（3000r/min）→做油泵切换试验→做主汽门严密性试验→做调速汽门严密性试验→做喷油试验。

② 打闸试验→安全装置在线试验→油泵切换试验→电气试验。

③ 并网→带 20％负荷运行 4h→减负荷至 0MW 解列→机械超速试验。

④ 重新并网→带负荷→升至机组负荷达 80％时稳定。

⑤ 真空严密性试验→汽门活动性试验。

⑥ 机组带负荷后即可投入除氧器。

⑦ 机组 72h 满负荷连续试运结束后停机，同时进行全面的检查、消缺。消缺后再开机，连续完成 24h 满负荷试运——机组动态移交试生产。

(6) 机组整套启动前分系统投入

① 分系统启动原则。

② 启动前认真检查油（水）箱的油（水）位、补（排）油（水）阀的位置。

③ 蒸汽管道投入前，应预先做好暖管疏水工作，确保疏水系统正常。

④ 带手动隔离阀的系统，开启手动隔离阀。

⑤ 设有备用泵的系统，依次启动各泵，做联锁保护试验，联锁保护正常后投入运行泵，并将备用泵投联锁。

⑥ 依次检查和投入下列分系统：

a. 启动一台循环水泵，投入循环水系统。

b. 投入闭式冷却水系统。

c. 凝结水系统投入运行。

d. 主机润滑油系统投入运行。

e. EH 油系统投入运行。

f. 盘车装置投入运行。

g. 机组首次启动或大修后启动，必须连续盘车 24h 以上。

h. 检查盘车电流、轴封、气缸内无异常。

i. 发电机空冷器冷却水系统投入运行。

j. 给水系统投入运行。

k. 油系统试验正常。

l. 轴封系统投入运行。

m. 机组处于盘车状态，轴封蒸汽管路暖管完毕，尽量缩短投入真空系统和轴封蒸汽系统的时间差。

n. 向轴封系统供汽，检查轴封供汽母管压力在规定的范围内。

o. 监视后轴封供汽温度。

p. 真空系统投入运行。

⑦ 机组启动前，应关闭凝汽器真空破坏阀及投入轴封系统，关闭所有疏水门；凝汽器真空达到 $-0.066 \sim -0.530$MPa 以上，打开汽轮机本体所有疏水门。

(7) 机组整套启动

① 机组启动状态划分　气缸内缸下半调节级后内壁金属温度以150℃为界，小于150℃时为冷态启动，高于150℃小于300℃时则为温态启动，高于300℃小于400℃时为热态启动，400℃以上时为极限热态启动。

② 汽轮机主要控制指标如下：

润滑油压：0.08～0.12MPa

润滑油温：40～45℃

主油泵入口油压：0.1MPa

主油泵出口油压：1.2MPa

轴承进口油温：40～45℃

轴承回油温度：<65℃

均压箱压力：0.103～0.130MPa

均压箱温度：150～200℃

凝汽器真空：－0.07MPa

③ 冷态启动前的准备工作

a. 机组冷态启动时，主汽门前蒸汽压力和温度应满足厂家规定。

b. 油箱油位正常，油管路及油系统所有设备均处于完好状态，无漏油现象。

c. 启动交流润滑油泵进行盘车。

d. 全面检查各系统，各阀门调整到要求位置。

e. 启动循环水泵，凝汽器内通循环水。

f. 电动门、手动门预先进行开关试验。

g. 冲转前连续盘车24h。

h. 启动真空泵，真空达－0.006MPa，即可准备启动。

i. ETS试验合格。

j. 各联锁试验合格。

k. TSI、DCS及就地所有仪表应投入。

l. 检查滑销系统，确保汽轮机本体能自由膨胀。

④ 机组启动方式选择

a. 机组DEH控制系统有两种启动方式：自动启动方式、半自动启动方式。

b. 操作员半自动启动方式是DEH控制系统的基本启动方式，机组的首次启动应采用该启动方式。

⑤ 冲转升速

a. 冲转前主汽门及调节汽门全关，在启动和升速过程中，通过DEH控制主汽门全开，使调节汽门稍开控制转速。

b. DEH系统有自动升速和手动升速功能，可根据现场实际情况（如控制系统的稳定性和完善程度）经多方协商决定升速方式。

c. DEH 控制系统采用操作员手动启动方式。

d. 检查 DEH 控制面板指示灯和机组状态显示窗为正常状态。

e. 排气管喉部喷水阀在备用位置。

f. 机组在现场挂闸，用调节汽门控制转速。

⑥ 低速检查

a. 在某些特殊情况下（汽轮机首次启动前或轴封体检修后等），投入 DEH 系统的"摩擦检查"功能，设定第一目标转速为 500r/min、转速升高速度为 100r/min，DEH 将机组自动升速至 500r/min，在此转速下对机组进行全面检查。

b. 确认盘车装置应自动退出。

c. 检查各轴承的温升及各部位的膨胀、振动情况。

d. 在此转速暖机 25min，暖机过程中，凝汽器真空维持在 －0.07MPa 以上。

⑦ 低速暖机

a. 升速控制可按冷态启动曲线进行。

b. 设定目标转速为 1100r/min、转速升高速度为 100r/min，按下"进行"按钮 DEH 将机组升速至 1100r/min。在此转速下暖机 90min 再次检查。

c. 检查各轴承的温升及各部位的膨胀、振动情况。

d. 倾听汽轮发电机组内部声音有无异常。

e. 监测机组轴承振动正常。

f. 检查润滑油温度应正常。

g. 推力轴承、支持轴承金属温度及回油温度正常。

h. 汽轮机热膨胀、胀差、轴向位移等参数指示正常。

i. 检查汽轮机本体及管道疏水是否正常。

j. 上、下气缸的温差应不超过 50℃。

k. 注意排汽温度、凝汽器真空是否正常。

l. 检查凝汽器、除氧器水位是否正常。

m. 检查各辅机单体和分系统运行是否正常，并做好记录。

⑧ 中速暖机

a. 在 DEH 控制盘设定转速升高速度为 100r/min、目标转速为 2300r/min，按下"进行"按钮 DEH 将汽轮机转速升至 2300r/min，在此转速下暖机 30min。

b. 升速过程中，过临界转速时 DEH 自动将转速升高速度改为 400～500r/min。

c. 中速暖机期间，检查项目同低速暖机。

d. 升速过程不可在共振区停留，应快速平稳跃过临界转速，注意测试轴承临界转速和各轴承处最大振动值，机组轴承座振动不得超过 0.15mm，在冷态启动时一旦超过该数值，则应降低转速直至消除振动，并维持运转 30min 再升速，如振动仍未消除需要再次降速运转 120min 再升速。在热态启动时一旦超过此数值则应继续升速或加负荷并且密切关注振动变化，若振动有继续变大的趋势应立即停机，查明原因再启动。

e. 中速暖机结束后，在 DEH 控制盘设定转速升高速度为 100r/min，目标转速为 3000r/min，按下"进行"按钮，机组升速时，注意油动机的转速情况。

⑨ 定速 3000r/min

a. 在 DEH 控制盘设定目标转速为 3000r/min，按下"进行"按钮，机组升速至 3000r/min。

b. 机组定速后试验。

c. 对机组的所有运行参数进行全面检查。

d. 远方、就地打闸试验，检查主汽门、调速汽门关闭是否正常。

e. 重新挂闸，以 200r/min 的速度升至 3000r/min 进行安全装置在线试验。

f. 确认主油泵工作正常，停止交流润滑油泵，投入联锁。

g. 电气试验，在此期间进行并网前的操作与检查。

h. 调整冷油器冷却水量，使冷油器出口油温控制在 40~45℃ 之间。

i. 调整发电机空冷器出口风温在 35~45℃ 范围内。

j. 转速升到 3000r/min 时，测量各轴承座振动不大于 0.025mm。

k. 机组首次启动时，要维持空载配合电气部门做试验，并且注意排汽缸的温度不得大于 80℃。

⑩ 热态启动

a. 进入汽轮机的蒸汽的过热度必须在 50℃ 以上且温度应高于气缸壁的温度 50℃ 以上。

b. 在冲动转子前转子应始终处于连续盘车状态。

c. 在连续盘车情况下应先向轴封送汽，然后再抽真空。

d. 维持凝汽器真空在 −67kPa 以上。

e. 上、下缸金属温差 <50℃。

f. 冲转前润滑油温不低于 40℃。

g. 其他方式与冷态启动相同。

h. 冲转前轴向位移保护必须投入。

i. 热态启动后必须尽快地并网及带上电负荷，维持的电负荷量应使前气缸的壁温不再呈下降的趋势。

(8) 主汽门、调节汽门严密性试验

① 主汽门严密性试验

a. 主蒸汽参数正常。

b. 启动交流润滑油泵。

c. 关闭主汽门，转速下降。

d. 关闭主汽门后，转速下降到 1000r/min 以下为合格，记录时间。

e. 机组恢复 3000r/min 运行。

② 调节汽门严密性试验

a. 主蒸汽参数正常。

b. 启动交流润滑油泵。

c. 关闭调节汽门，转速下降。

d. 关闭调节汽门后，转速下降到 1000r/min 以下为合格，记录时间。

e. 机组恢复 3000r/min 运行。

③ 喷油试验

a. 交流润滑油泵正常备用。

b. 设置目标转速为 (2920±30)r/min。

c. 投入喷油试验。

d. 做危急遮断器喷油动作试验时，首先将滑阀切换到试验位置，将危急遮断油门从保安系统中解除。

e. 喷射油通过主油泵轴进入危急遮断器飞锤底部，危急遮断器飞锤在离心力和油压力作用下飞出，将危急遮断油门撑钩打脱，危急遮断器动作后恢复注油阀，再用复位阀将危急遮断油门重新挂闸，使危急遮断油门重新并入保安系统。

④ 超速试验准备工作

a. 交流润滑油泵正常备用。

b. 手拉手动停机机构拉手，通过杠杆机构使危急遮断器装置的撑钩脱开。

c. 高压安全油泄掉，主汽门、调节汽门、补汽门关闭。

d. 机组转速降到 3000r/min 以下，通过复位电磁阀将安全油路接通，机组恢复 3000r/min 运行。

⑤ 超速试验

a. OPC（103%）超速试验

ⅰ. 设置目标转速，转速升高速度设置为 50r/min，按下"进行"键，注意机组转速逐渐升高，转速升到 3090r/min 时，调节汽门全关，自动主汽门仍在正常开启位置。

ⅱ. 机组恢复 3000r/min 运行。

b. 109%电超速试验

ⅰ. 设置目标转速，转速升高速度设置为 50r/min，按下"进行"键，注意机组转速逐渐升高，转速升到 3270r/min 时，主汽门、调节汽门、补汽门应迅速关闭。

ⅱ. 机组恢复 3000r/min 运行。

c. 110%～112%（3300～3360r/min）机械超速试验（必须带 20%负荷运行

4h 以上）

ⅰ．设置目标转速为 3360r/min，转速升高速率设置为 50r/min，按下"进行"键，注意机组转速逐渐升高到 3300～3360r/min 时，主汽门、调节汽门应迅速关闭。

ⅱ．在相同情况下提升转速，试验两次，两次动作转速都应在合格范围（3300～3360r/min），且两次动作转速相差不大于 0.6%。

ⅲ．若超速试验两次不合格应做第三次，第三次动作转速和前两次动作转速的平均数相差不应超过 1%。

ⅳ．机组恢复 3000r/min 运行。

（9）并网带负荷

① 并网带初负荷的条件：空负荷运行一切正常，各种试验全部合格。

② 合电气并网，并网后 DEH 将自动带 500kW 初负荷以防止逆功率运行。进行全面检查，一切正常后按制造厂升速曲线加负荷。

③ 机组按升负荷曲线增加负荷，关闭排汽管喉部喷水阀。

④ 在 DEH 控制盘设定升负荷速度为 0.1～0.3MW/min、目标负荷为额定负荷。

⑤ 与锅炉、电气部门联系后按下"进行"键，负荷升至额定负荷。

（10）真空系统严密性试验

① 电负荷为 80%～100%，另一台真空泵备用。

② 关闭抽气入口截止门（或停真空泵）。注意凝汽器真空应缓慢下降。

③ 每分钟记录真空表读数一次。

④ 5min 后开启抽汽器入口截止门。

⑤ 真空下降速度取第三分钟至第五分钟的平均值；平均值小于 0.13kPa/min 为优；平均值小于 0.27kPa/min 为良；平均值小于 0.40kPa/min 为合格。

⑥ 若真空下降速度大于 0.67kPa/min，则应停止试验找出原因，消除故障后再试验。

（11）滑参数正常停机

① 试验交流润滑油泵、交流事故油泵及盘车电机均应正常备用。

② 自动主汽门、调速汽门、补汽门应动作灵活、无卡涩。

③ 做好均压箱、除氧器辅助汽源准备工作。

④ 机组正常停机时的降负荷速度建议为 0.2～0.3MW/min，当负荷减到额定负荷的 50% 时（5MW）稳定运行 15～20min。

⑤ 停机过程中参数控制如下：

a. 主蒸汽温度下降速度≤1℃/min。

b. 主蒸汽压力下降速度为 0.03～0.05MPa/min。

c. 缸金属温度下降速度≤1℃/min。

⑥ 当调节级后蒸汽温度低于气缸法兰内壁温度 30℃时，应暂停降温。
⑦ 减负荷过程中应注意轴封的汽源是否正常。
⑧ 注意调整凝结水泵再循环，以保证凝结水泵正常工作和凝汽器热井水位正常。
⑨ 减负荷过程中应注意胀差的变化，当胀差达－1mm 时暂停减负荷，稳定运行 20min 后再减负荷。
⑩ 当负荷减至额定负荷的 25％时开启汽轮机本体所有疏水门。
⑪ 减负荷过程中应注意后气缸排气温度，达 80℃时投入喷水冷却装置。
⑫ 当负荷减至额定负荷的 5％时发电机解列，打闸停机。主汽门、调节汽门、补汽门均应迅速关闭。
⑬ 记录惰走时间，并绘制惰走曲线。
⑭ 停机过程中，根据转速下降情况启动交流润滑油泵。
⑮ 注意调整真空破坏门，保证转速到零，真空到零，停止轴封供汽。
⑯ 投入连续盘车装置，直至气缸调节级处下半内壁温度低于 150℃时方可停止盘车。若停盘车后轴承温度高于 90℃，则交流润滑油泵还需继续运行。连续盘车停止后，应根据转子偏心值变化情况采用间断盘车，直至转子偏心值不再变化为止。
⑰ 减负荷过程中，应严密监视机组振动情况，发生异常振动时应停止降温、降压，必要时打闸停机。
⑱ 在盘车时如果有摩擦声或有其他不正常情况，应停止连续盘车而改为间断盘车。若转子产生热弯曲应用定期盘车的方法消除，随后还需连续盘车 4h 以上。
⑲ 停机后应严密监视并采取措施防止冷水、冷气倒灌到气缸引起大轴弯曲。
⑳ 根据发电机吸风温度和冷油器出口温度关闭空冷器、冷油器和油箱风机。

(12) 额定参数正常停机
① 以 1～2MW/min 的速度减负荷，减负荷时，注意机组胀差的变化，若机组胀差太大，应放慢减负荷速度。
② 当负荷减到 25％额定负荷时，打开汽轮机本体所有疏水门。
③ 特别注意低压缸排汽温度，必要时投入喷水冷却装置。
④ 其他操作同滑参数正常停机。

(13) 故障停机
① 出现下列情况应立即破坏真空停机：
a. 机组发生强烈振动，轴承座振动值超过 0.07mm 或机组振动值急剧增加。
b. 汽轮机内有清晰的金属摩擦声和撞击声。
c. 汽轮机发生水冲击或主蒸汽温度急剧下降达 50℃以上。
d. 推力轴承或支持轴承温度急剧上升至 100℃或任一轴承回油温度升

至 70℃。

  e. 轴封或挡油环严重摩擦、冒火花。
  f. 润滑油总管压力低至 0.08MPa，启动辅助油泵无效或主油泵故障。
  g. 发电机、励磁机冒烟或着火。
  h. 油系统着火。
  i. 轴向位移超限，而轴向位移保护装置没动作。
 ② 出现下列情况可不破坏真空停机：
  a. 汽轮机转速超过 3360r/min，而危急遮断器没动作。
  b. 凝汽器压力真空下降到 −0.07MPa，采取措施无效。
  c. 循环水中断，不能立即恢复；凝结水泵故障，凝汽器水位升高，而备用泵不能投入。
  d. 调节保安系统故障或电厂其他系统故障使机组无法维持正常运行。
  e. 胀差增大，调整无效且超过极限值。
  f. 汽轮机处于电动机状态运行超过 3min。
  g. 主蒸汽、给水管道破裂，危及机组安全时。

3.7.2.8 汽轮机专业调试反事故措施

（1）试运要点

① 启动试运过程中应严格遵照制造厂运行维护说明书，电厂运行及维护标准以及启动调试措施等按有关规定执行。

② 启动试运前必须将机组各项联锁保护、声光报警以及正常监视系统和记录表计调试好，并投入使用。

③ 试运人员应熟悉本机组的结构特点、系统布置及设备的操作方法，明确每次启动的目的及要求，做好事故预想。

④ 各部门值班人员做好设备巡检工作，对设备隐患和存在的问题要及时发现，及时处理；严禁机组带"病"运行。

⑤ 运行维护要严格执行"工作许可制度"。

⑥ 机组启动运行要统一指挥，分工明确，各负其责；出现事故时，值班人员应反应迅速，判断准确，抓住重点，处理得当，避免事故扩大。

（2）重点事故的防止要领

① 通则

  a. 启动试运过程中应严格按照制造厂启动及运行维护说明书、电厂运行规程、防止电力生产重大事故的二十五项重点要求以及调试方案等有关规定执行。

  b. 启动试运前必须将机组各项联锁保护、声光报警以及正常监视和记录表计调试好，并投入使用。

  c. 试运人员应熟悉本机组的结构特点、系统布置及设备操作方法，明确每次启动的目的及要求，做好事故预想。

d. 运行维护必须严格执行"两票三制"。

② 防止机组超速措施

a. 机械超速、电超速保护必须投入运行。

b. 机组启动前，用模拟方式进行机组各通道电超速保护试验，超速保护不能正常动作时，禁止将机组投入运行。

c. 测试机组各汽门关闭时间，并应符合设计要求，确认自动主汽门、调速汽门关闭时间（小于0.5s），并且确认关闭到位，严格按规程规定做好上述汽门的定期活动试验。

d. 机组做真实超速前，必须先做手动打闸试验，确认就地和远方打闸试验合格后，允许做超速试验，并设专人负责就地和远方打闸按钮。

e. 正常停机时，在打闸前，应先减负荷至5%额定负荷左右，再将发电机解列。

f. 认真进行调节系统静态试验，使各项试验指标符合设计要求，静态试验不合格必须进行调整。

g. 保证润滑油油质清洁，无水、无杂质。

h. 保证蒸汽品质良好。

i. 机组在正常运行时超过3600r/min，应立即打闸停机。

③ 防止机组断油烧瓦措施

a. 机组各油泵电源可靠，交流辅助润滑油泵保安电源可靠投入。

b. 安装后要彻底清理油系统，保证油质清洁。

c. 调整好轴封，防止油中进水。

d. 机组启动前必须进行交、直流润滑油泵启动及润滑油压力低联动试验。

e. 运行中严密监视油箱油位、润滑油压力、轴瓦温度及回油温度，油箱油位、润滑油压力和温度异常时，应按规程规定及时处理。

f. 油系统切换操作时，按工作票顺序谨慎进行操作，严密监视油压变化情况。

g. 机组正常运行时，轴承回油温度达到75℃，轴承温度达到110℃，应立即打闸停机。

h. 正常停机时，应先试转直流润滑油泵，再启动交流润滑油泵，再打闸停机，并设专人监视润滑油压和轴瓦温度。

i. 正常运行时，还应密切注意机组的轴向位移，以防止推力瓦烧损。

④ 防止汽轮机大轴弯曲措施

a. 机组启动前，按规定至少连续盘车4h。

b. 启动前必须检查轴挠度，上、下缸温差（小于50℃），轴向位移（+1.3mm、-0.7mm）等，不具备启动条件严禁强行启动。

c. 轴系监视及保护装置调试完好，并投入运行。

d. 启动升速、定速（3000r/min）过程中，各轴承振动超过 0.05mm 应自动停机。

e. 启动过程中，如气缸或发电机内有异响或轴端冒火，应立即手动停机，停机后认真分析原因，根据情况采取针对措施方可慎重再次启动。

f. 严禁机组在临界转速下停留或保持。

g. 若停机后，气缸温度在 150℃ 以上，电动盘车故障时，应严格按规程规定进行手动盘车。

h. 若转子出现热弯曲，电动盘车和手动盘车均不行时，严禁强行盘车。

⑤ 防止气缸进水措施

a. 机组启动前，本体及蒸汽管道的各疏水阀水位联锁保护试验应正常进行，并应合格好用且投入运行。

b. 启动中汽温在 10min 内上升或下降 50℃，或稳定运行时汽温急剧下降 50℃ 时，应打闸停机。

c. 启动运行中，若主汽管道阀门门杆冒白汽时，应打闸停机。

d. 经常检查气缸上、下缸温差，温差大于 50℃，应立即停机。

e. 严格控制轴封加热器水位，防止轴封管积水。

f. 除氧器的水位保护联锁必须合格好用且正常投入，注意启停及运行中除氧器的水位调整和排放，防止供汽系统向气缸返水。

g. 启停中，做好疏水系统的调整和检查，防止疏水系统向气缸返水。

⑥ 防止汽轮机油系统着火措施

a. 油区的各项措施应符合防火、防爆要求，消防措施完善，防火标志鲜明，防火制度健全。

b. 严禁火种带入油区，油区严禁吸烟，油管道法兰、阀门及可能泄漏油的部位附近不准有明火，必须明火作业时要采取有效措施，严格执行动火制度。

c. 油箱附近的热管道或其他热体的保温材料应坚固完整，并包好铁皮。

d. 做好油系统与其他易燃易爆气体的隔离。

e. 油箱附近配备足够的消防装置，并定期进行检查维护。

f. 消防水系统要同工业水系统分开，确保消防水量、水压不受其他因素影响，消防泵的备用电源应由保安电源供给。

g. 加强防火观念，经常巡视检查，出现火情，及时发现及时扑灭。

h. 机组油系统出现火情，根据情况，及时汇报处理。

（3）预防措施

① 排汽压力高问题

原因：未并汽时加负荷过快或操作不当。

预防措施：严格按规程操作。

② 电动给水泵保护动作频繁问题

原因：轴承温度高保护动作。

预防措施：a. 严格进行线路校对，严防接线错误；b. 电动给水泵启动前逐项进行保护试验，保证每项试验合格好用，并正常投入；c. 电动给水泵的润滑油及时更换。

③ 机组润滑油中带水问题

原因：a. 轴封加热器工作不正常，轴封回汽不畅，引起轴封母管压力超标严重，蒸汽通过油挡进入油系统；b. 气缸轴封间隙可能不合适。

预防措施：a. 保证轴封加热器工作正常，回汽畅通；b. 确保气缸轴封间隙和油挡间隙符合设计要求。

④ 机组启停机过程中润滑油压偏低问题

原因：油管路的逆止阀卡涩。

预防措施：a. 检修油管路逆止阀，保证逆止阀关闭严密且灵活；b. 启停机时严密监视润滑油压，紧急情况下，启动直流油泵，以保证润滑油压值。

3.7.2.9 汽轮机甩负荷调试方案

（1）试验目的

测取汽轮发电机组甩负荷时调节系统动态过程中功率、转速和调节汽门开度等主要参数随时间的变化规律，以便于分析考核调节系统的动态品质，了解机、炉、电部分设备及其自动控制系统对甩负荷工况的适应能力。

（2）试验范围

汽轮发电机组及主要配套辅助设备，以及相关的自动控制系统。

（3）试验要求

① 机组甩负荷后，最高飞升转速不应使超速保护动作。

② 调节系统动态过程应能迅速稳定，并能有效地控制机组空负荷运行。

（4）试验前应具备的条件

① 汽轮机调节系统静态试验合格，速度变动率为 4%～5%，迟缓率≤0.2%，调节系统各部套无卡涩现象，电调经甩负荷模拟试验。

② 高、中压主汽门关闭时间≤0.40s。

③ 高、中压调节汽门关闭时间≤0.50s。

④ 高、中压主汽门和调节汽门严密性均能将汽轮机转子转速降至1000r/min以下。

⑤ 进行交流润滑油泵、交流事故油泵、盘车马达的启动试验，确认它们均能可靠地备用。

⑥ 汽轮机超速保护装置良好，电超速、机械超速保护动作值应在110%额定转速范围内。

⑦ 机组各轴承振动在合格范围内。

⑧ 各抽汽逆止门、抽汽电动门、本体疏水门和排汽缸喷水门等联锁动作正确。

⑨ 除氧器事故放水门开关良好。

⑩ 锅炉过热器减温水阀门开关灵活，严密性良好。

⑪ 热控系统有关汽轮机、锅炉热工自动、保护、联锁等装置整定数据正确，动作正常，主要有以下项目：

a. 锅炉燃烧管理系统（BMS）。

b. 汽轮机安全监控系统（TSI）。

c. 机、炉、电联锁保护系统。

d. 除氧器水位及凝汽器热井水位保护。

e. 汽轮机防止进水保护。

f. 辅机联锁保护。

⑫ 发电机主断路器和灭磁开关合、跳闸良好。

⑬ 励磁系统经过模拟试验，电压调节安全可靠。

⑭ 厂用直流供电系统处于完好状态，事故供电系统经考核试验确实可靠。

⑮ DAS 系统及常规主要监视仪表指示正确。

⑯ 汽轮机 EH 油系统在试验前取样化验，油质合格。

⑰ 机组已通过整套启动试运的考验，能够适应工况变化的运行方式。

（5）甩负荷试验前的准备工作

① 高、中压主汽门和调节汽门活动试验正常，无卡涩现象。

② 高、低压旁路处于热备用状态，高、低压旁路阀前、后管路疏水门在试验前 2h 左右开启暖管。

③ 启动第二台真空泵或做好随时启动的准备，排汽缸喷水投入备用。

④ 涉及机组安全的自动装置设专人监护，一旦"自动"失灵，立即手动干预。

⑤ 甩负荷前汽轮机润滑油冷油器出口油温保持在 40~45℃。

⑥ 排汽装置热水井和除氧器保持较高水位。

⑦ 运行一台凝结水泵和一台给水泵。

⑧ 下列保护在试验时切除：

a. 汽轮机低真空跳机。

b. 发电机跳闸引起 MFT 保护。

c. 汽轮机跳闸引起 MFT 保护。

d. 锅炉 MFT 保护联跳汽轮机。

⑨ 下列自动调节器在甩负荷试验时可以切为手动控制：

a. 主汽压力。

b. 主汽温度。

c. 热水井、除氧器水位。

⑩ 开启疏水扩容器喷水。

⑪ 试验前应确认备用电源能可靠投入。

(6) 试验原则

① 该机甩负荷试验采用常规试验法，即断开发电机主开关，机组与电网解列，甩去全部电负荷，考核调节系统的动态特性。

② 为确保甩负荷试验过程中厂用电源可靠，甩负荷前厂用电应切至启动备用变供电。

③ 甩负荷前启动另一台电动给水泵，再循环运行作为热备用。

④ 甩负荷试验拟按 50% 及 100% 额定负荷两级依次进行。

⑤ 当甩 50% 额定负荷后，转速动态超调量大于或等于 5% 时，则应暂时中断试验，分析原因，消除缺陷，再研究决定试验方案。

⑥ 试验应在额定参数的工况下进行，不能采用发电机甩负荷的同时锅炉熄火停炉、停机等试验方法。

⑦ 甩负荷试验准备工作就绪后，由试验负责人下达命令，由运行人员进行甩负荷的各项工作。

⑧ 甩负荷试验过程结束、测试和检查工作完毕后，应尽快并网，根据缸温接带负荷。

(7) 甩负荷试验主要操作程序

① 试验前 2h 主要工作及操作

a. 将机组参数保持稳定。

b. 机组保持试验负荷 2h。

c. 进行汽轮机低油压保护试验。

d. 旁路系统热备用。

e. 进一步明确试验时间。

② 试验前 1h 主要工作及操作

a. 保持拟进行试验的负荷，确定运行蒸汽参数，启动或停用相应的附属设备。

b. 电气操作员将厂用电切换至备用变供电。

c. 确认旁路在热备用状态。

d. DAS 系统及常规记录仪进行时间对照。

e. 通告"试验前 1h"。

③ 试验前 30min 主要工作及操作

a. 启动第二台电动给水泵。

b. 开启气缸疏水 2min。

c. 机、炉投运设备运行情况确认良好。

d. 进行操作盘报警信号指示灯试验。

e. 确认励磁电压调节器在自动位置。

f. 确认专用测试仪器准备工作全部结束。

g. 通告"试验前 30min"。

④ 试验前 10min 主要工作及操作

a. 保持试验负荷及参数,各岗位操作人员全部进入岗位。

b. 确认除氧器水位、热水井水位、各加热器水位及补给水箱水位均正常。

c. 根据汽压情况调整蒸汽参数。

d. 确认 DEH 控制是在"自动控制方式"。

e. 确认机、炉、电各项可能引起跳闸的参数均在规定范围内。

f. 通告"试验前 10min"。

⑤ 试验前 5min 主要工作及操作

a. 系统周波保持在 (50±0.2) Hz。

b. 将主蒸汽进口管的疏水阀开启。

c. 记录人员进入各自岗位,记录甩负荷试验前的参数。

d. 电气操作人员进入岗位。

e. 通告"试验前 5min"。

⑥ 试验前 2min 主要工作及操作

a. 根据试验负荷情况,调整锅炉蒸汽参数。

b. 确认减温减压减温水、旁路减温水可随时投入。

c. 通告"试验前 2min"。

⑦ 试验前 30s 主要工作及操作

a. 锅炉减弱燃烧。

b. 将汽轮机旁路三级减温水开到 10% 位置。

c. 锅炉根据情况降低运行给水泵转速,降低给水量。

d. 通告"试验前 30s"。

⑧ 试验前倒计时

a. 10s:根据实际情况调整风量,稳定保持各参数在正常范围内(仅适用于 100% 甩负荷工况)。

b. 5s:启动试验测量记录仪表。

c. 0s:发电机与系统解列,注意锅炉运行状况,调节给水量;记录人员记录过渡过程最高值(或最低值)及稳定值;监视发电机励磁调节器工作情况及发电机电压,若超过预想值手动拉灭磁开关解除联锁。

d. 发电机与系统解列同时,锅炉停炉。

(8) 甩负荷后动态应变操作

① 过热器压力超过允许值时及时开启排汽门。

② 甩负荷后,锅炉应迅速将热负荷减到维持机组空转的水平,并用调整和开向空汽门等方法控制主汽压力。

③ 锅炉保持低水位运行,防止汽轮机进水。

④ 禁止旁路投自动。

⑤ 机组转速稳定后,根据机组运行情况手动开启旁路系统。

⑥ 确认已将燃料量减到相应值,保持炉膛负压在规定范围内。

⑦ 监视主汽温度保持在允许范围内。

⑧ 汽轮机转速达到112%额定转速而超速保护未动作时立即手动紧急停机。

⑨ 在汽轮机转速稳定后才可进行必要的调整,保持其额定转速。

⑩ 确认除氧器、气封汽源正常,给水系统各泵未汽化。

⑪ 监视汽轮机防进水系统各测点温度值,当确认有水倒流入气缸时立即停机。

⑫ 确认汽轮轮机下列指示仪表的数值在允许范围内:轴向位移及胀差、轴振动、推力瓦及支持轴承温度、缸排汽温度、排汽装置真空。

(9) 试验安全措施

① 甩负荷试验操作除本方案所叙述的以外按电厂运行规程及事故处理规程执行,一切运行设备操作由当班主操指挥,运行人员执行。

② 甩负荷试验力求迅速准确,甩负荷至空载检查测试完毕后,应立即并网。

③ 试验时设专人(由运行人员担当)监视汽轮机转速,当转速达到112%额定转速而危急遮断器未动作时,立即打闸停机,破坏真空,切断一切可能进入气缸的汽源。

④ 甩负荷后,如调节系统严重摆动,无法维持空转运行时,应打闸停机。

⑤ 机组振动超限时,应立即停机。

⑥ 主汽温度变化剧烈超过规定值时,应立即停机。

⑦ 当锅炉泄压装置失灵,致使锅炉超压时,应紧急熄火停炉。

⑧ 运行人员应做好厂用电全停、锅炉超压事故预想。

⑨ 甩负荷时引起系统周波和电压波动,要有相应处理措施,做好事故预想。

(10) 测试仪器与主要测试项目

① 试验测试仪器

a. 瞬态数据采样装置。

b. 系统及机组常规监视仪表。

② 主要测试项目

a. 机组实际转速。

b. 发电机位置开关动作信号。

c. 高、中压油动机行程。

d. 发电机有功功率。

e. 旁路开度。

f. 主汽压力及温度。

g. 排汽压力及温度。

h. 汽轮机调节级压力及温度。

③ DAS 采样记录　通过 DAS 系统记录的项目有：发电机有功功率、转速、主蒸汽压力与温度、真空、调节级压力及温度、润滑油母管压力、锅炉分离器出口压力、旁路开度、主蒸汽流量、主给水流量。

④ 其他监视项目　如胀差、串轴、振动、轴瓦温度、回油温度、真空、排汽缸温等，若有异常可按照运行规程中的有关规定执行。

3.7.3 电气专业调试方案

3.7.3.1 6.3kV 中压系统调试方案

涠洲终端余热回收项目 6.3kV 中压系统配有 5 面中压柜，其中包含 2 面发电机 PT 柜，1 面母线 PT 柜，1 面发电机出口开关柜，1 面变压器开关柜。

(1) 调试前应具备的条件

① 有关试验现场要清洁，不堆放杂物，孔洞要堵塞完好，照明充足，人行及消防通道应畅通，消防设施及通信设备完好可用。

② 所有电气二次回路电缆接线完毕。

③ 6.3kV 中压系统开关控制电源已带电。

④ 开关柜内控制回路正确，就地合分闸动作可靠。

⑤ 电气设备编号正确醒目。

(2) 调试程序

① 二次电压回路电缆检查校验　二次电压回路电缆检查校验清单如表 3-24 所示。

表 3-24　二次电压回路电缆检查校验清单

回路名称	回路编号	电缆首端	电缆末端
励磁 PT 电压	A631 B631 C631	PT1 中压柜	励磁屏
机端 PT 保护电压	A621 B621 C621 N621	PT2 中压柜	发电机保护同期屏
机端 PT 零序电压	L661 N661	PT2 中压柜	发电机保护同期屏
机端 PT 测量电压	A611 B611 C611 N611	PT2 中压柜	发电机保护同期屏
母线 PT 电压	A651 B651 C651	PT3 中压柜	发电机保护同期屏

② 二次电流回路电缆检查校验　二次电流回路电缆检查校验清单如表 3-25 所示。

表 3-25 二次电流回路电缆检查校验清单

回路名称	回路编号	电缆首端	电缆末端
发电机差动电流	A421 B421 C421 N421	发电机出口开关柜 CT2-1	发电机保护同期屏
发电机测量电流	A431 B431 C431 N431	发电机出口开关柜 CT2-3	发电机保护同期屏

③ 控制回路电缆检查校验　控制回路电缆检查校验清单如表 3-26 所示。

表 3-26　控制回路电缆检查校验清单

回路名称	回路编号	电缆首端	电缆末端
发电机控制回路	410 411 413 414 P122	发电机出口开关柜	发电机保护同期屏
低压厂用变压器控制回路	109 105 111	2#低压厂用变压器开关柜	DCS
低压厂用变压器温度保护回路	801 803 805 807	变压器本体	2#低压厂用变压器开关柜

④ 电流回路通流试验　在发电机出口断路器柜、发电机中性点及 2#低压厂用变压器出口开关柜电流端子输入三相电流，检查电流回路正确性。

a. 保护装置 NSC554U 检查电流记录如表 3-27 所示。

表 3-27　保护装置 NSC554U 检查电流记录

电流回路名称	A 相电流	B 相电流	C 相电流
发电机中性点(差动保护电流)CT1-3			
发电机机端(差动保护电流)CT2-1			
发电机中性点电流(后备保护)CT1-2			

b. 多功能仪表 PD194Z 检查电流记录如表 3-28 所示。

表 3-28　多功能仪表 PD194Z 检查电流记录

电流回路名称	A 相电流	B 相电流	C 相电流
发电机机端电流(测量绕组)CT2-3			
在 DCS 画面检查发电机电流			

c. 多功能变送器检查电流记录如表 3-29 所示。

表 3-29　多功能变送器检查电流记录

电流回路名称	A 相电流	B 相电流	C 相电流
发电机机端电流(测量绕组)CT2-3			

d. 主变保护屏检查电流记录如表 3-30 所示。

表 3-30 主变保护屏检查电流记录

电流回路名称	A 相电流	B 相电流	C 相电流
发电机机端电流（主变差动保护）CT2-2			

e. 励磁屏检查发电机中性点电流记录如表 3-31 所示。

表 3-31 励磁屏检查发电机中性点电流记录

电流回路名称	A 相电流	B 相电流	C 相电流
发电机中性点电流 CT1-1	—	—	—

f. 2#低压厂用变压器开关柜检查电流记录如表 3-32 所示。

表 3-32 2#低压厂用变压器开关柜检查电流记录

电流回路名称	A 相电流	B 相电流	C 相电流
低压厂用变压器保护电流 CT4-1		—	
低压厂用变压器测量电流 CT2-2		—	

⑤ 发电机 PT1、PT2 柜及母线 PT3 柜输入三相电压，检查电压回路的正确性。

a. 检查 PT1 二次 1 绕组电压值（回路编号 A631、B631、C631）如表 3-33 所示。

表 3-33 检查 PT1 二次 1 绕组电压值记录

电压回路名称	AN	BN	CN	AB	BC	AC	LN
PT1 柜							
三相电压表幅值				—	—	—	
零序电压表幅值	—	—	—				
励磁调节屏	—						

b. 检查 PT2 二次 1 绕组电压值（回路编号 A611、B611、C611、N611）如表 3-34 所示。

表 3-34 检查 PT2 二次 1 绕组电压值记录

电压回路名称	AN	BN	CN	AB	BC	AC	LN
PT2 柜							
V1 电压表电压幅值				—	—	—	
V2 电压表电压幅值				—	—	—	
V3 电压表电压幅值	—						
保护屏多功能仪表							

续表

电压回路名称	AN	BN	CN	AB	BC	AC	LN
DCS 画面							
变送器装置							
保护装置							
同期装置	—	—	—	—	—	—	

c. 检查 PT2 二次 2 绕组电压值（回路编号 A621、B621、C621、N621）如表 3-35 所示。

表 3-35　检查 PT2 二次 2 绕组电压值记录

电压回路名称	AN	BN	CN	AB	BC	AC
PT2 柜						
多功能仪表						
DCS 画面						
变送器装置						

d. 检查 PT2 二次 3 绕组电压值（回路编号 L661、N661）如表 3-36 所示。

表 3-36　检查 PT2 二次 3 绕组电压值记录

电压回路名称	L661、N661
PT2 柜	
保护装置	

e. 检查 PT3 二次 1 绕组电压值（回路编号 A651、B651、C651）如表 3-37 所示。

表 3-37　检查 PT3 二次 1 绕组电压值记录

电压回路名称	AN	BN	CN	AB	BC	AC
PT3 柜	—	—	—			
同期装置						

⑥ 发电机出口开关柜控制回路传动试验　控制回路检查完成后，投入开关控制电源和储能电源。将手动/自动同期开关 SAS 置于手动位置，操作 SAC3 进行发电机出口断路器手动无压合/分闸试验，开关应动作可靠，指示灯应显示正确。

采用继电保护测试仪器，给装置输入机端电压及系统电压，将手动/自动同期开关 SAS 置于自动位置，投入同期开关 SAC1，调整电压幅值及频率至同期点，进行发电机出口断路器自动合/分闸试验，开关应动作可靠，指示灯应显示正确。

采用继电保护测试仪器，给保护装置输入故障电流，进行保护装置动作跳开发电机开关试验，开关应动作可靠。

⑦ 2#低压厂用变压器控制回路传动试验　将就地/远方切换开关QK切换到远方位置,在DCS进行开关合/分闸试验,开关应动作可靠,指示灯应显示正确。

短接2#低压厂用变压器温控开关温度高跳闸端子,保护装置应可靠动作并跳开2#低压厂用变压器开关。

3.7.3.2　厂用电源系统受电方案

本工程低压厂用电接线采用双电源进线。进线电源一路引自炭黑厂6.3kV母线,另一路电源引自汽轮发电机6.3kV厂用分支。经两台额定容量为1600kW的厂用变压器降至0.4kV后接至低压厂用电源进线柜,并在进线柜内设置双电源自动转换开关。厂用段负责向汽轮发电机组负荷、余热锅炉负荷、海水系统、化水系统以及公用负荷等供电。厂用电源采用380V/220V动力、照明合并供电的三相四线制系统。厂用电进线断路器单台额定电流为2500A,额定开断能力为50kA。

(1) 受电前应具备的条件

① 有关试验现场要清洁,不堆放杂物,孔洞要堵塞完好,照明充足,人行及消防通道应畅通,消防设施及通信设备完好可用。

② 受电范围内一、二次设备安装完毕,验收及交接试验合格。

③ 受电设备的保护已按定值整定完成。

④ 受电设备开关控制信号及保护回路传动正确。

⑤ 各种运行标示牌已准备就绪。

⑥ 受电部分和施工部分已隔离,并有明确标识。

⑦ 有关带电设备外观整洁,机壳机座必须可靠接地。

⑧ 带电设备编号正确醒目,带电区域应设遮拦,并悬挂相应的指示标牌。

⑨ 所有二次回路传动正确,端子排螺栓应完整紧固。

⑩ 所有保护及仪表用PT二次回路无短路现象,可靠接地。

⑪ 所有一、二次交、直流回路保险齐全,容量适当,配置合理。

⑫ 所有带电设备的高压试验全部完成,试验结果正确,符合规程要求,具备带电条件。

(2) 送电试验范围内的一次带电设备

包括1#厂用变压器及高低压侧开关、2#厂用变压器及高低压侧开关、汽轮机房0.4kV低压母线、海水循环泵房低压配电柜、海水淡化及除盐水处理间低压配电柜。

(3) 送电步骤

① 1#低压厂用变压器冲击合闸试验

a. 与中控沟通,厂用电源受电工作准备就绪,可以带电。

b. 将1#低压厂用变压器6kV侧开关VCB送至工作位置。

c. 合 1# 低压厂用变压器 6kV 侧开关 VCB，在额定电压下对变压器进行冲击合闸试验，无电流差动保护的干式变压器进行 3 次，每次间隔时间宜为 5min，应无异常现象。

d. 记录变压器冲击电流，检查变压器保护装置运行情况，应正常；电流显示应正确。

② 2# 低压厂用变压器冲击合闸试验

a. 1# 低压厂用变压器冲击试验结束后，将 2# 低压厂用变压器 6kV 侧开关 VCB 送至工作位置。

b. 合 2# 低压厂用变压器 6kV 侧开关 VCB，在额定电压下对变压器进行冲击合闸试验，无电流差动保护的干式变压器进行 3 次，每次间隔时间宜为 5min，应无异常现象。

c. 记录变压器冲击电流，检查变压器保护装置运行情况，应正常；电流显示应正确。

③ 汽轮机房 0.4kV 母线受电

a. 将 1# 低压厂用变压器 0.4kV 侧开关 ACB 送至工作位置。

b. 合 1# 低压厂用变压器 0.4kV 侧开关 ACB，汽轮机房 0.4kV 母线带电。

c. 检查母线电压幅值，应正确；检查电压相序，应为正相序。

d. 检查母线是否有异响和异常现象。

e. 断开 1# 低压厂用变压器 0.4kV 侧开关 ACB，将 2# 低压厂用变压器 0.4kV 侧开关 ACB 送至工作位置。

f. 合 2# 低压厂用变压器 0.4kV 侧开关 ACB，汽轮机房 0.4kV 母线带电。

g. 检查母线电压幅值，应正确；检查电压相序，应为正相序。

④ 汽轮机房 380V/220V 母线电压核相

a. 在 1# 低压厂用变压器低压侧开关 ACB 处进行母线电源电压相位检查。

b. 采用电压表进行母线电压核相检查。

⑤ 汽轮机房 380V/220V 母线双电源切换装置试验

a. 将双电源切换装置设置为电源进线 1 为主电源，电源进线 2 为备用电源。投入电源进线 1，然后断开电源进线 1，电源进线 2 应自动投入；再将电源进线 1 开关投入，电源进线 2 应自动退出。

b. 将双电源切换装置设置为电源进线 2 为主电源，电源进线 1 为备用电源。投入电源进线 2，然后断开电源进线 2，电源进线 1 应自动投入；再将电源进线 1 开关投入，电源进线 2 应自动退出。

3.7.3.3 同期系统调试

(1) 调试范围

本措施为机组的同期系统调试，包括同期系统的静态调试和动态调试。

(2) 试验前应具备的条件

① 发电机控制、测量、信号回路调试完毕。

② 发电机自动准同期装置及同期回路检查完毕。

③ 所有同期点开关的各项高压试验完毕,绝缘良好,符合相关规程要求。

④ 交、直流电源已送至保护屏端子排。

⑤ 各设备试验报告合格。

(3) 同期系统静态调试

① 装置上电　检查直流电源回路电缆及电缆绝缘,投入电源开关 QF1、SAS,检查装置运行情况。

② 交流采样回路检查　外施单相电压 100V,投入开关 SAC1,检查电压采样。

③ 输入/输出回路检查

a. 输入回路检查记录如表 3-38 所示。

表 3-38　输入回路检查记录

开关量名称	信号来源	回路编号	结果
DCS 启动同期	DCS	500-502	
同期屏启动并网	同期屏 SB2	500-502	
断路器合闸	QF	500-504	
闭锁同期	同期屏 SB3		

b. 开关量输出回路检查记录如表 3-39 所示。

表 3-39　开关量输出回路检查记录

开关量名称	信号来源	信号终端	回路编号	结果
同期装置故障	同期装置	DCS	433-434	
同期装置失电告警	同期装置	DCS	217-218	
启动自动同期请求	同期开关 SAC、手动/自动转换开关 SAS	DEH	452-453	
同期合闸输出	转换开关 SAS、扩展继电器 KA1	QF	403-404	
升压	同期装置 ASA、同期屏 SA2	励磁屏	415-418	
降压	同期装置 ASA、同期屏 SA2	励磁屏	417-418	
升速	同期装置 ASA、同期屏 SA1	DEH	419-421	
减速	同期装置 ASA、同期屏 SA1	DEH	419-422	

(4) 同期装置调整试验

① 压差校验　选择 1 号并列点,输入定值:允许压差 5%。在同期装置输入端加入两路电压,即模拟系统侧电压和发电机侧电压。依照表 3-40 改变发电机侧电压幅值,观察同期装置发出的信号情况是否与理论结果相同。同时在屏后测

量升压、降压输出是否正确。同期装置压差试验表如表 3-40 所示。

表 3-40　同期装置压差试验表

系统侧电压、频率、角度	发电机侧电压、频率、角度	理论结果
$U_s=100V$ $f=50Hz$ $\theta=0°$	$U_g=106V$　$f=50.06Hz$　$\theta=0°$	同期装置发降压命令,降压灯亮
	$U_g=105V$　$f=50.06Hz$　$\theta=0°$	临界状态,同期装置发合闸指令合闸灯亮
	$U_g=95V$　$f=50.06Hz$　$\theta=0°$	临界状态,同期装置发合闸指令合闸灯亮
	$U_g=94V$　$f=50.06Hz$　$\theta=0°$	同期装置发升压命令,升压灯亮

② 频差校验　选择 1 号并列点，输入临时定值：允许频差为 0.2Hz。在同期装置输入端加入两路电压，即模拟系统侧电压和发电机侧电压。依照表 3-41 改变发电机侧电压频率，观察同期装置发出的信号情况是否与理论结果相同。同期装置频差试验表如表 3-41 所示。

表 3-41　同期装置频差试验表

系统侧电压、频率、角度	发电机侧电压、频率、角度	理论结果
$U_s=100V$ $f=50Hz$ $\theta=0°$	$U_g=101V$　$f=50.22Hz$　$\theta=0°$	同期装置发减速命令,减速灯亮
	$U_g=101V$　$f=50.2Hz$　$\theta=0°$	临界状态,同期装置发合闸指令合闸灯亮
	$U_g=101V$　$f=49.8Hz$　$\theta=0°$	临界状态,同期装置发合闸指令合闸灯亮
	$U_g=101V$　$f=49.78Hz$　$\theta=0°$	同期装置发加速命令,加速灯亮

③导前时间试验　投入同期开关 SAC1，输入临时定值：允许压差为 5%，允许频差为 0.2Hz。并网断路器控制及合闸直流投入。在同期装置输入端加入两路电压，由面板菜单启动同期，同期装置发出合闸信号，合闸灯亮，断路器合闸，装置报合闸成功。测试断路器同期点的导前时间。QF 导前时间试验表如表 3-42 所示。

表 3-42　QF 导前时间试验表

系统侧电压、频率、角度	发电机侧电压、频率、角度	导前时间/ms
$U_s=100V$　$f=50Hz$　$\theta=0°$	$U_g=101V$　$f=50.06Hz$　$\theta=0°$	

(5) 同期系统整套启动调试工作内容及调试程序

① 假同期试验

a. 将发电机出口开关 QF 送至试验位置。

b. 确认在热工 DEH 屏的发电机并网信号已解开。

c. 发电机零起升压至 6.3kV。

d. 对发电机同期点进行二次电压核相。

e. 联系调度，发电机假同期并网准备就绪，请求合发电机出口开关 QF。

f. 投入同期开关 SAC1，手动/自动开关 SAS 置于自动位置。向 DEH 发送自动同期请求信号，DEH 确认"允许电气控机"后，在 DCS 画面触发启动同期按钮（或同期屏启动 SB2 启动并网按钮），自动装置检同期后发出合闸指令启动 KA1 继电器，进行自动准同期合闸试验，发电机出口开关 QF 合闸，试验后跳开 QF。

g. 投入同期开关 SAC1，手动/自动开关 SAS 置于手动位置，监视同步相位表位于同期点时，手动同期合闸转换开关向右旋转至 45°，进行手动假同期合闸试验，发电机出口开关 QF 合闸，试验后跳开 QF。

h. 假同期并网试验结束后，减励磁电压至最低，跳开灭磁开关。

i. 试验过程中检查压差闭锁、频差闭锁是否符合要求，加、减速回路动作是否正确。

② 自动准同期并列操作步骤

a. 假同期试验结束后，将发电机出口 QF 开关置于工作位置。

b. 联系电网调度，机组并网工作准备就绪，请求并网。

c. 电网调度允许后，发电机零起升压，采用自动准同期方式并网。

（6）调试质量验收标准

发电机同期系统调试验收表如表 3-43 所示，发电机同期系统检查及试验验收表如表 3-44 所示。

表 3-43 发电机同期系统调试验收表

检验项目	性质	单位	质量标准	检查结果
同期装置静态试验核查			定值设置与定值单一致，动作值符合整定值允许范围，逻辑功能正确	
直流二次回路、电源回路核查	主控		符合设计要求	
TV、TA 二次回路核查及极性确认	主控		符合设计要求	
整组传动	主控		符合设计要求	

表 3-44 发电机同期系统检查及试验验收表

检验项目	性质	单位	质量标准	检查结果
同期系统检查及试验			符合设计要求	
发电机带高压母线复查同期系统(零升至额定电压)	主控		电压、相序、相位应一致	
调频、调压及合闸脉冲检查(手动/自动)	主控		符合设计要求	
发电机同期点假同期试验(手动/自动)	主控		符合设计要求	
发电机并网试验			符合设计要求	

3.7.3.4 励磁系统调试

(1) 调试范围及目的

本措施为机组的励磁系统的调试,包括励磁系统静态调试和动态调试。为保证励磁系统动态试验顺利进行,进行励磁系统静态调试,检查励磁系统各回路的正确性以及在静态情况下带假负载模拟励磁系统带负荷运行情况。

由于自动励磁调节器为闭环控制系统,而其静态试验只能模拟开环情况,对于各项动态性能指标则无法确定,因此需要在汽轮机冲转后做进一步的试验才能判定装置全面性能的好坏。

(2) 试验前应具备的条件

① 试验相关的一、二次设备安装、单体调试完毕,符合设计及启动规程要求,按国家标准验收签证合格。

② 试验相关的一、二次设备各系统的操作、控制、音响信号及所有保护的传动试验已完成,保护定值正确。

③ 安装、调试、分部试运验收的技术资料和试验报告齐全,并经三方签证验收认可,质检部门审查通过。

④ 所有电气设备名称编号清楚、正确,带电部分设有警告标志。

⑤ 各部位的交直流熔丝配备齐全,容量符合要求。

⑥ 所有启动运行设备附近整齐清洁,道路通畅,照明良好,门锁完好,配备消防设施。

⑦ 有关外接仪表及试验设备已经准备完毕。

⑧ 参与试验的工作人员必须熟悉试验方案,了解设备的试验过程。

(3) 励磁静态调试工作内容及调试程序

① 装置上电 检查交流电源回路电缆及电缆绝缘,投入调节器交流电源开关 QF11,检查励磁调节器及各继电器运行情况。投入/退出控制电源切换开关 QF11 三次,控制励磁调节器应运行正常。

② 励磁装置静态操作试验 励磁系统回路检查完成后,系统上电,进行如下操作试验:

a. 就地操作试验

ⅰ. 将就地/远方切换开关切换到就地位置,投入电源开关 QF11,励磁调节器应运行正常。

ⅱ. 就地操作 SA1 旋转开关,合/分灭磁开关,开关动作应正确,运行指示灯显示应正确。

ⅲ. 就地操作 SA2 旋转开关进行增磁/减磁操作,继电器 KA3、KA4 应可靠动作。

ⅳ. 就地操作 SA3 旋转开关进行恒无功/恒功率因数切换操作,继电器

KA6、KA8 应可靠动作。

ⅴ. 就地操作 SA4 旋转开关进行手动/自动切换操作，继电器 KA2 应可靠动作。

ⅵ. 就地操作 SA5 旋转开关进行远方/就地切换操作，继电器 KA3 应可靠动作。

ⅶ. 就地操作 SB 按钮进行励磁故障复位操作，继电器 KA7 应可靠动作。

b. 远方操作试验

ⅰ. 将就地/远方切换开关 SA5 切换到主控位置，远方进行灭磁开关和分闸试验，开关动作应可靠。

ⅱ. 远方进行增磁/减磁操作，继电器 KA3、KA4 应可靠动作。

ⅲ. 远方进行自动切换至手动操作，继电器 KA3 应可靠动作，指示灯显示应正确。

ⅳ. 远方投入恒无功运行，继电器 KA6 应可靠动作，指示灯显示应正确。

ⅴ. 远方投入恒功率因数运行，继电器 KA8 应可靠动作，指示灯显示应正确。

（4）励磁动态调试工作内容及调试程序

① 并网前发电机空载时的试验项目

a. 手动升压试验　本试验要求升压过程中发电机电压不应有过大波动。具体包括：闭锁整流桥的起励；对发电机电压、同步电压、励磁电流、励磁电压的测量；确定限制值；手动给定阶跃；确定手动 PI 调节器参数；整流桥电源电压和相位测量；经由灭磁电阻的磁场断路器灭磁检查；经由整流桥逆变的灭磁检查；在最小电流下的二极管监视作用检查。

b. 手动/自动切换试验　自动切换到手动及反向切换，切换应当平滑。本试验要求切换过程应可靠，发电机电压应无明显波动。

c. 自动调压范围试验　自动调压范围应达到 10%～120%，调节过程应平稳无波动。具体包括：软起励；确定限制值；确定 PID 参数；V/Hz 限制设定和检查；正常灭磁和事故灭磁检查。

d. 10% 阶跃试验　采用电压阶跃与电流阶跃分别进行的方式，电压阶跃量为 ±10%，电流阶跃量为 ±5%，录取励磁电压、励磁电流及发电机电压的波形，试验过程中确定 PID 参数最佳值。

e. 零起升压试验　升压过程应平稳无波动，无超调，对试验过程录波。

f. 空载 PT 断线试验　试验时机端电压波动不应大于 ±3%，否则应调整相关参数。

g. V/F 限制功能试验　调节发电机转速，从 3000r/min 缓慢下降到 2700r/min，励磁系统给定电压应逐步下降，到 2700r/min 时逆变灭磁应动作。

② 并网后的试验项目

a. 无功负荷调整试验　本试验要在并网条件下进行。要求调节均匀平滑，无功功率无跳变。

b. 自动通道与手动通道的切换试验　本试验要求切换过程中发电机无功功率没有明显波动。

c. 欠励试验　调整无功至欠励限制动作值，调节器欠励限制动作，欠励指示灯亮，此时减磁，无功不变，增磁欠励返回。

d. 过励试验　调整无功至过励限制动作值，调节器过励限制动作，过励指示灯亮，此时增磁，无功不变，减磁过励返回。

e. 发电机电流限制　确定和检查过励磁和欠励磁下的发电机电流限制。

f. 功率因数控制　检查功率因数控制的静态和动态性能；检查功率因数给定值的限制值；检查增减调节方向。

g. 甩负荷试验　在机组甩负荷试验时要求甩一定的无功负荷，调节器应稳定机端电压，不得出现过电压现象。配合甩负荷试验还同时进行无功调差率和电压静差率的测试。录波，计算超调量、调节时间、振荡次数（此试验根据业主要求进行）。

（5）安全措施

① 励磁调节器动态试验所有静态试验中拆开的端子要全部恢复，临时加接的线要全部恢复。

② 试验中励磁系统各部分（调节器、整流装置及集控室仪表盘）都必须有人密切监视，如有异常应立即汇报试验负责人并及时处理，必要时应立即中止试验，待查明原因后再进行。

③ 试验中要用的测量表计与记录仪器全部正确接入，并已调整好。

④ 试验结束后拆除测量仪表及仪器应小心，不得造成误碰带电部位，二次线恢复必须正确无误。

⑤ 试验中严禁 PT 短路、CT 开路，同时 PT 回路也不得开路，以免"断线检测"单元失灵导致发电机空载强励击穿绝缘。

⑥ 发电机过压保护定值暂改为 $1.2U_n/0s$（U_n 表示额定电压），试验结束后再恢复。

（6）调试质量验收标准

励磁系统调试验收表如表 3-45 所示。

表 3-45　励磁系统调试验收表

检验项目	性质	单位	质量标准	检查方法
励磁装置静态试验核查			定值设置与定值单一致，动作值符合整定值允许范围，逻辑功能正确	

续表

检验项目	性质	单位	质量标准	检查方法
检查一次设备的接线及绝缘性能	主控		符合设计及标准要求	目测和试验
直流二次回路、电源回路核查	主控		符合设计要求	回路核查
TV、TA 二次回路核查及极性确认	主控		符合设计要求	回路核查
模拟量测量环节试验	主控		测量显示误差在 0.5% 以内,精度满足标准要求	试验
开关量输入输出环节试验			符合设计及标准要求	试验
自动和手动环节调节范围测定	主控		自动范围:空载额定电压的 70%～110%; 手动范围:空载额定励磁电压的 20% 到额定励磁电压 110%	试验
自动手动环节给定调节速度测定	主控		自动方式给定调节速度:不大于 1% 额定电压/s,不小于 0.3% 额定电压/s	试验
过励限制参数整定和静态模拟试验	主控		符合设计及标准要求	试验
欠励限制参数整定和静态模拟试验	主控		符合设计及标准要求	试验
强励反时限参数整定和静态模拟试验	主控		符合设计及标准要求	试验
电压/频率限制参数整定和静态模拟试验	主控		符合设计及标准要求	试验
整组传动	主控		符合设计要求	试验

3.7.4 热控专业调试方案

3.7.4.1 分散控制系统(DCS)受电热工调试

(1) 系统受电应具备的条件

① 分散控制系统的环境

a. 单元控制室及电子设备间应具有正压通风设备以减少外部粉尘进入。

b. 单元控制室及电子设备间应具有外部空气过滤系统。

c. 单元控制室及电子设备间应具有能够加热、制冷的空调系统。

d. 电子设备间的环境温度应在 0～50℃,变化速度应不大于 5℃/h。

e. 相对湿度应小于 90%,在任何情况下都不允许结露。

f. 单元控制室及电子设备间的天花板、墙壁施工与装修均已完成,电子设备间具有防静电地板。

g. 机柜内电缆孔洞应封堵,电源和信号电缆入口及线路应具备防水、防硬物损伤、防张力扭曲损伤的保护措施。

h. 单元控制室及电子设备间清洁，要求无尘、无水、无腐蚀性液体和气体。

i. 单元控制室及电子设备间的照明系统、通信系统、消防系统及安全保卫设施完善。

j. 分散控制系统现场布置的远程设备环境的空气质量、温度和湿度均应满足制造厂的要求。

② 系统设备就位检查

a. 确认设备通过测试和出厂验收。

b. 检查 DCS 系统安装移交报告，确认所有部件已经安装到位并正确连接。

c. 分散控制系统的管理操作应用工作站部分，包括操作员站、工程师站、历史数据记录查询站、打印站、通信站等功能服务站和各种外设等，已经安装就位，相关电缆连接正确。

d. 现场控制站部分，包括机柜及其配件、电源模块、功能模块和控制器 DPU 等，已经安装就位，DCS 内部电缆连接正确，包括通信线及接地电缆。

e. 计算机设备外观完好，无缺件、锈蚀、变形和明显的损伤，确认各计算机设备摆放整齐，各种标识齐全、清晰、明确。

f. 各设备内外部件应安装牢固无松动，安装螺钉齐全。

g. 所有电缆清单中电源电缆 [24V（DC）、220V（AC）]、总线网络电缆已经按要求连接。

h. 确认所有机柜已经用吸尘器吹扫干净，无建筑施工的灰尘和废弃物。

③ 供电系统检查

a. 确认不间断电源（UPS）系统已经经过测试并正常工作，DCS 系统不能使用施工时的临时电源。

b. 电源分配盘的开关参数（如开关的数量和容量、保险容量等）要符合 DCS 系统的需要。

c. 电源线接入电源柜前应加以固定，导线应在电缆槽中敷设，不允许有接头。

d. 确认控制柜内的 XPU 模块没有插入，检查机柜电源开关在断开位。

④ 分散控制系统接地要求

a. DCS 机柜外壳不允许与建筑物钢筋直接相连，各机柜接地线应使用铜电缆连接至控制系统接地柜的接地铜板上，电缆铜芯截面应满足 DCS 制造厂的规定。

b. 要求系统接地电阻<4Ω。接地电阻要符合上述要求，要有正式的接地电阻测试报告。

c. 所有屏蔽电缆屏蔽层必须实现单点接地。屏蔽电缆屏蔽层现场侧必须采取相应措施（如使用热缩管封闭），保证该端屏蔽层浮空。机柜侧必须使用铜线鼻子将屏蔽层与机柜接地铜排连接。

d. DCS 接地汇集端（接地柜）接地电缆采用两根铜导线接至电气地网地极。

(2) 上电前应检查的项目

① 接地检查

a. 控制系统接地点最好为独立接地，也可以接入电厂电气地，但要求接地点距离其他避雷接地点＞12m。

b. 机柜接地铜牌与接地点电缆连接：接地电阻＜4Ω，根据不同系统，一般分为机壳和电缆屏蔽层接地、220V（AC）接地、直流电源接地，三个接地电缆接到最终大地接地点。

② 电源进线检查　根据 DCS 系统耗电负荷要求数量，检查系统进线电缆是否满足负荷要求，铜线电流负荷额定值为 $3.5A/mm^2$。

③ UPS 电源容量检查　根据 DCS 系统耗电负荷要求数量，检查系统耗电量是否＜50％UPS 额定负荷。

④ 电源柜开关位置检查　一般电厂为 DCS 提供两路电源：一路为 UPS，另一路从保安段供电。在 UPS 及保安段电源准备接入系统前，确保电源柜的所有输出回路（包括总电源）开关均在断开位置（OFF 位置，对机柜等不供电）。各机柜如有电源开关，断开所有供电开关。

⑤ 机柜卡件位置检查　系统上电前，机柜内所有卡件和总线底板均应退出供电位置，并退出总线。

⑥ 各用电回路开关出口电阻检查　用万用表检查各开关出口线间电阻和电源对大地电阻。

a. 在各分支开关断开时，总开关出口电阻应＞2MΩ。

b. 各分支开关下游均为开关时，分支开关出口电阻应＞2MΩ。

c. 各分支开关下游直接接直流电源入口时，根据各电源设计原理不同，使用的元件不同，各直流电源入口直流阻抗不尽相同，一般应＞几十欧姆；如果只有几欧姆，需要认真检查回路；若为0Ω，电源输入回路肯定有问题。

d. 检查各供电电源电缆对地电阻，对于悬浮电源导线，对大地电阻应＞2MΩ。

⑦ 电源电压检查　检查电源进线电压。用万用表检查进入电源柜的两路进线电压是否正确。

(3) 上电后应检查的项目

① DCS 系统供电电源的检查

a. 按照设计要求检查电源柜内部每个交流、直流分配回路。

b. 确认电源柜内的所有断路器处在断开状态，顺序合每个电源柜的主进线开关，用仪器测量电源柜输出交、直流电源的电压和极性。

c. 合电源柜交流输入开关，稳定后进行交、直流转换模块的调平衡。

② 上位机上电　在完成以上检查后，检查与上位机（包括网络设备）连接

的电源开关出口电阻,确定是否有短路或断路现象。对上位机送电,并检查网络连接状态。

③ 各直流电源上电　用万用表检查直流电源输出回路,保证各直流电源输出回路无短路现象。

④ 分别对直流电源上电　用万用表检查直流电源输出回路,测量各输出回路电压是否正常。

⑤ 分别对控制机柜上电　在上电前,用万用表检查各控制机柜各路直流回路电阻,检查是否短路或断路。检查之后对机柜直流回路供电。供电后,检查直流回路电压是否正常。

⑥ 卡件就位　在确认与相应卡件连接的现场信号端子无强电信号串入时,方可将相应卡件插入 I/O 总线,并接入现场信号。

(4) 软件恢复检查项目

① 计算机操作系统检查

a. 操作员站、工程师站等的操作系统在设备出厂时已经预装完成。

b. 各计算机通电启动,检查机器应无异常和异响,检查计算机启动显示画面及自检过程应无出错信息提示。

c. 对于操作系统启动时提示错误并自动修复后,应重新正常停机并启动操作系统一次,检查错误是否完全修复,否则应考虑备份恢复或重新安装。

d. 检查并校正系统日期和时间,检查用户权限、口令等设置正确,符合系统要求。

② 应用软件及其完整性检查

a. 启动计算机系统自身监控、查错、自诊断软件,检查其功能,应符合厂家要求。

b. 检查存储设备的容量存储。

c. 启动应用系统软件,应无异常,无出错信息提示。

d. 根据厂家提供的软件列表,检查核对应用软件的完整性。

e. 根据系统启动情况检查,确认软件系统的完整性。

f. 分别启动各工作站的其他应用软件,应无出错信息提示。

g. 用提供的实用程序工具扫描并检查软件系统的完整性。

③ 权限设置检查

a. 检查各操作员站、工程师站和其他功能站的用户权限设置,应符合管理和安全要求。

b. 检查各网络接口或网管的用户权限设置,应符合管理和安全要求。

c. 检查各网络接口或网管的端口服务设置,关闭不使用的端口服务。

④ 数据库检查

a. 检查数据库访问权限设置,应符合管理和安全要求。

b. 检查数据库的有关信息的正确性，检查数据库的空间使用情况，注意预留的空间应不小于 20%。

⑤ 系统 I/O 点连接检查

a. 根据制造厂提供的 I/O 点清单，配合厂家服务人员完成整个系统 I/O 点连接工作的检查。

b. 根据设计提供的资料，配合厂家服务人员完成整个系统的标签定义、数据库定义和报警限值的设定。

⑥ 计算机外设检查

a. 检查显示器画面清晰，无闪烁、抖动和不正常色调，亮度、对比度、色温、聚焦、定位等按钮功能正常，散热风扇运转正常。

b. 鼠标使用灵活无涩滞，键盘操作灵敏，指示准确。

c. 对于喷墨打印机，上电执行打印机自检程序，检查打印字符是否正确，字迹是否清楚，应无字符变形、缺线或滴墨现象。

d. 对于激光打印机，上电执行打印机自检程序，检查打印字符是否正确，字迹是否清楚，应无字符变形、黑线或墨粉黏着不牢现象。

⑦ 网络及接口设备检查

a. 系统通信模块状态应指示正常（通过模块指示灯或软件检测、显示器上的系统通信状态显示等判断）。

b. 通过总线模块工作指示灯检查总线系统工作正常，无异常报警。

c. 检查冗余总线处于冗余工作状态。

d. 检查集线器、耦合器、路由器等网络接口，设备上电检查应无异响、异味，风扇转向正确，自检无出错，指示灯指示正常。

(5) 性能测试

① 系统冗余性能试验　本 DCS 系统的控制处理器 DPU 均为 100%冗余，通信处理器、I/O 总线、I/O 总线接口模块全部 100%冗余，每面机柜的供电回路也完全实现冗余。

a. 控制处理单元的冗余检查：人为退出正在运行的主控制器 DPU，这时备用的主控制器 DPU 应自动投入工作，在切换过程中，系统不得出错或出现死机的情况。

b. 功能服务站的冗余检查：对于并行冗余的设备，如操作员站等，停用一个或一部分设备，不应影响整个 DCS 系统的正常运行。

c. 功能模块的冗余检查：取出主运行模块的熔丝或复位主运行模块，系统应能正常无扰动地切换到从模块运行或从模块改为主运行模块，系统除模块故障和冗余失去等相关报警外，应无其他异常报警发生。

d. 通信网络冗余检查：在任意节点上人为切断单条通信总线，系统不得出错或出现死机情况；切、投总线上的任意节点或模拟其故障，总线通信应正常工作；切断主运行总线模件的电源或拔出主运行总线的插头，总线应自动切换至另一条运行，且指示灯指示正常，确认系统数据不丢失、通信不中断，系统工作正常。

② 供电系统切换测试　人为切除工作电源，备用电源应自动投入，电源切换过程中，控制系统应正常工作，数据不得丢失。

③ 模件可维护性测试　任意拔出一块输入或输出模件，显示器应显示该模件的异常状态，控制系统自动进行相应处理（如切到手动状态、执行器保位等），在拔出和恢复过程中，控制系统的其他功能不受影响。

④ 系统重置能力测试　人为切除并恢复系统的外围设备，控制系统不得出现异常情况。

（6）功能测试

① 操作员站基本功能检查

a. 数据画面显示检查：系统工艺流程画面显示符合图纸设计，数据单位符合设计。

b. 操作画面显示检查：符合操作需求。

c. 报警功能：报警显示准确。

d. 曲线查询功能：具备历史、实时数据趋势查询功能。

e. 组态功能：无组态功能。

f. 画面修改功能：无画面修改功能。

② 工程师站基本功能检查

a. 数据画面显示检查：系统工艺画面显示符合图纸设计，数据单位符合设计。

b. 操作画面显示检查：符合操作要求。

c. 报警功能：报警显示准确。

d. 曲线查询功能：具备历史、实时数据趋势查询功能。

e. 组态功能：具备组态修改、下装功能。

f. 画面修改功能：具备画面修改、下装功能。

③ 显示功能检查　各操作员站与工程师站的数据画面、操作画面、工艺流程画面、系统状态显示正常。

（7）输入、输出通道精度测试

① 通道测试范围　包括模拟量输入（AI）信号、脉冲量输入（PI）信号、模拟量输出（AO）信号、脉冲量输出（PO）信号、开关量输入（DI）信号、开关量输出（DO）信号。

② 通道测试方法

a. 模拟量输入（AI）信号精度测试

ⅰ. AI通道测试（4～20mA）：在被检测模件上随机选取一个通道，将标准电流源连接该通道的 AI 输入端子（正负极不要接反）。分别以正、反向输入量程（4～20mA）的 0％、25％、50％、75％和 100％的直流信号，在操作员站（或工程师站）读取该测点的显示值。记录各测点的测试数据，计算测量误差，应满足设计的精度要求。同模件的其余通道仅输入测量量程的 50％信号进行检验。

ⅱ. AI 通道测试（热电阻信号）：在被检测模件上随机选取一个通道，将精密电阻箱连接该通道的 AI 输入端子。分别以正、反向输入量程的 0％、25％、50％、75％和 100％的电阻信号，在操作员站（或工程师站）读取该测点的显示值。记录各测点的测试数据，计算测量误差，应满足设计的精度要求。同模件的其余通道仅输入测量量程的 50％信号进行检验。

ⅲ. AI 通道测试（热电偶信号）：在被检测模件上随机选取一个通道，短接该通道的输入端子，在操作员站读取示值，根据温度分度表，计算出 DCS 温度补偿的电势。根据温度分度表和 DCS 系统温度补偿电势，计算出校验点的电势。将精密毫伏源连接该通道的 AI 输入端子（按极性），并输入经过计算的正、反向输入量程的 0％、25％、50％、75％和 100％的毫伏信号，在操作员站读取示值。记录各测点的测试数据，计算测量误差，应满足设计的精度要求。同模件的其余通道仅输入测量量程的 50％信号进行检验。

b. 脉冲量输入（PI）信号精度测试　在被检测模件上随机选取一个通道，将标准频率信号源连接该通道的 PI 输入端子。分别以正、反向输入量程（4～20mA）的 0％、25％、50％、75％和 100％的信号，在操作员站（或工程师站）读取该测点的显示值。记录各测点的测试数据，计算测量误差，应满足设计的精度要求。同模件的其余通道仅输入测量量程的 50％信号进行检验。

c. 模拟量输出（AO）信号精度测试　在被检测模件上随机选取一个通道，通过操作员站（或工程师站）分别按量程的 0％、25％、50％、75％和 100％设置各点输出值，在 I/O 模件输出端子用标准测试仪测量，并读取该测点的显示值。记录各测点的测试数据，计算测量误差，应满足设计的精度要求。同模件的其余通道仅输入测量量程的 50％信号进行检验。

d. 脉冲量输出（PO）信号精度测试　在被检测模件上随机选取一个通道，通过操作员站（或工程师站）分别按量程的 0％、25％、50％、75％和 100％设置各点输出值，在 I/O 模件输出端子用标准频率计测量，并读取该测点的显示值。记录各测点的测试数据，计算测量误差，应满足设计的精度要求。同模件的其余通道仅输入测量量程的 50％信号进行检验。

e. 开关量输入（DI）信号精度测试　在被检测模件上随机选取一个通道，通过短接/断开无源接点分别改变输入点状态，在操作员站（或工程师站）检查各输入点的状态变化，各测点的测试状态变化应完全正确。

f. 开关量输出（DO）信号精度测试　在被检测模件上随机选取一个通道，

通过操作员站（或工程师站）分别设置 0 或 1 的输出给定值，在 I/O 站的相应端子上测量其通断状况，同时观察开关量输出指示灯的状态，各测点的测试状态变化应完全正确。

3.7.4.2 联锁保护及顺序控制系统（SCS）调试

（1）调试前应具备的条件和准备工作

① DCS 系统机柜上电恢复完成，在线试验合格，系统功能正确可靠。

② 具有完整的热控测点 P&ID 图纸。

③ 具有正式出版的定值表。

④ 取源部件、就地设备应满足其设计说明书对环境温度和相对湿度的要求，测量和取样管路应通畅，管内无杂物，必要时还应采取保温、伴热等防冻措施。

⑤ DCS 通道测试合格，画面显示正确，相关各个模拟量及开关测点安装接线完成，且有完整的变送器及开关的校验报告。

⑥ SCS 相关阀门、电机以及执行机构已安装接线完成，单体调试及试运合格，DCS 画面能提供相应的操作。

⑦ SCS 与其他子系统的接线安装完毕，相关的逻辑组态已经完成。

⑧ SCS 逻辑已经过各方确认，逻辑图也已正式出版。

⑨ 提供本系统的功能说明书、系统说明书、操作说明书等，说明书内容包括逻辑内部组态使用的各个模块的属性、用途、算法以及系统的运算周期、卡件属性、通信特性等。

⑩ 历史站运作正常，SCS 中重要的过程点已加入历史站中，历史趋势功能正常，打印机已与系统连接，可正常打印。

（2）调试方法、工艺、步骤及作业程序

顺序控制系统包括烟气旁路系统、低压锅炉系统、中压锅炉系统、汽轮机启动系统、汽轮机润滑油系统、汽轮机进汽系统、汽轮机凝汽器/给水系统、汽轮机轴封系统、汽轮机输水系统、汽轮机旁排系统、疏水排污系统。

① 调试步骤和作业程序

a. 检验各被控设备的手操动作情况，以使被控设备能正常工作。

b. 电动门的远操方式及联锁方式：电动门的远操方式及联锁方式调试必须在确定电动门的单体调试合格后方可进行。

c. 带闭锁的电动门在建立闭锁条件后，在上位机画面上手操电动门开或关，电动门不随手操命令产生相应的动作。

d. 对于电动执行机构的试验，在上位机画面上分别操作开、关、停电动执行机构，其应随手操信号产生相应的动作。

e. 建立实际的联锁开、关条件，对电动门逐一试验，其应随联锁命令产生相应的动作。

f. 在保证各电动门或电动执行机构正确动作后，检查各设备送入 SCS 柜的反馈信号的正确性，包括电动门的开、关、失电、过力矩等信号。

② 试验过程中的注意事项

a. 旋转设备的手操及联锁方式的调试：旋转设备的手操及联锁试验涉及范围较大，必须会同运行人员严格按照运行规程进行试验。

b. 由运行人员建立旋转设备的启动允许条件并确认各条件均满足要求后，在上位机画面上操作启动按钮，旋转设备应产生正确的动作。

c. 在上位机画面上操作停旋转设备按钮使其产生正确动作。

d. 由运行人员建立联锁停旋转设备的条件后，逐一试验各联锁停条件到来时，旋转设备能正确动作。

e. 在确认旋转设备正确动作后，检查旋转设备动作的反馈信号是否正确，包括旋转设备运行、跳闸、故障等信号。

f. 对顺序控制系统中逻辑组态进行检查并进行必要的修改，保证启动允许条件，自动启、停指令，保护启动，停止等逻辑联锁达到控制要求。检查手动/自动方式控制功能。在手动方式下，可在满足设备启、停允许条件下，对设备进行自由操作，各设备不受顺序控制程序限制；在自动方式下，各设备按照顺序控制系统逻辑程序自动执行操作。

g. 模拟顺序控制的启动允许条件：自动启、停指令，保护启动、停止，在各功能组的输入条件都满足的情况下，检查其设计逻辑的正确性。

h. 确认功能组逻辑正确后，检查功能组的输出信号及大容量继电器动作的正确性，以及是否送入被控设备的控制回路。

i. 在机组设备投运后，建立实际的输入条件，尽可能满足功能组逻辑需要，以便功能组能有效地执行控制逻辑。

j. 功能组控制逻辑输出至大容量继电器柜，使继电器动作，继电器接点输出至被控设备，以使被控设备正确执行控制指令。

k. 整套启动调试：整套启动调试是在分系统调试的基础上将顺序控制系统动态地运行在热力系统中。因为其关系到机组能安全可靠地运行，是一项十分重要的工作，所以需要各方面大力配合。

控制逻辑说明书如表 3-46～表 3-58 所示。

表 3-46 涠洲终端余热电站项目烟气旁路系统控制逻辑说明书

项目	试验内容	条件组合	动作结果	试验结果
控制对象：高温烟气走向			
执行机构：密封风机、旁通烟囱旁通侧电动蝶阀、旁通烟囱锅炉侧电动蝶阀、三通挡板电动阀			
控制信号来源：燃气轮机运行状态(XR11001、XR11002、XR11003、XR11004、XR12001、XR12002)			

续表

项目	试验内容	条件组合	动作结果	试验结果
图号:MD(DD)-DWG-OST-IN-001-02				
1	1#Typhoon 燃气轮机运行		联锁启动:1#旁通烟囱密封风机	
2	1#旁通烟囱三通挡板电动阀 全开 联锁投入	AND	联锁关闭:1#旁通烟囱锅炉侧电动蝶阀 联锁打开:1#旁通烟囱旁通侧电动蝶阀	
3	1#旁通烟囱三通挡板电动阀 全关 联锁投入	AND	联锁打开:1#旁通烟囱锅炉侧电动蝶阀 联锁关闭:1#旁通烟囱旁通侧电动蝶阀	
4	2#Typhoon 燃气轮机运行		联锁启动:2#旁通烟囱密封风机	
5	2#旁通烟囱三通挡板电动阀 全开 联锁投入	AND	联锁关闭:1#旁通烟囱旁通侧电动蝶阀 联锁打开:2#旁通烟囱锅炉侧电动蝶阀	
6	2#旁通烟囱三通挡板电动阀 全关 联锁投入	AND	联锁关闭:2#旁通烟囱锅炉侧电动蝶阀 联锁打开:1#旁通烟囱旁通侧电动蝶阀	
7	3#Typhoon 燃气轮机运行		联锁启动:3#旁通烟囱密封风机	
8	3#旁通烟囱三通挡板电动阀 全开 联锁投入	AND	联锁关闭:2#旁通烟囱旁通侧电动蝶阀 联锁打开:2#旁通烟囱锅炉侧电动蝶阀	
9	3#旁通烟囱三通挡板电动阀 全关 联锁投入	AND	联锁关闭:2#旁通烟囱锅炉侧电动蝶阀 联锁打开:2#旁通烟囱旁通侧电动蝶阀	
10	4#Typhoon 燃气轮机运行		联锁启动:4#旁通烟囱密封风机	
11	4#旁通烟囱三通挡板电动阀 全开 联锁投入	AND	联锁关闭:2#旁通烟囱旁通侧电动蝶阀 联锁打开:3#旁通烟囱锅炉侧电动蝶阀	
12	4#旁通烟囱三通挡板电动阀 全关 联锁投入	AND	联锁关闭:3#旁通烟囱锅炉侧电动蝶阀 联锁打开:2#旁通烟囱旁通侧电动蝶阀	

表 3-47 润洲终端余热电站项目低压锅炉系统控制逻辑说明书（一）

项目	试验内容	条件组合	动作结果	试验结果
除氧头气体顺序控制				
控制对象:除氧头内部气体				
执行机构:除氧头连通阀(DF41102)Typhoon 73 锅炉 1LAA10AA005				
控制信号来源:操作员通过 DCS 手动控制				
1	除氧头连通阀(DF41102) 全开		Typhoon 73 锅炉允许启动	
给水预热器循环泵顺序控制				

续表

项目	试验内容	条件组合	动作结果	试验结果
	控制对象:给水预热器入口水温(TE41102)(低65℃报警)给水预热器循环泵 A、B(BJ41118、BJ41119)，1LCA10AP001,1LCA10AP002			
	执行机构:给水预热器循环泵出口电动阀(DF41101)			
	控制信号来源:操作员通过DCS手动控制			
1	给水预热器循环泵 A 运行	OR	联锁打开给水预热器循环泵出口电动阀	
	给水预热器循环泵 B 运行			
2	互备联锁投入	AND	联锁启动给水预热器循环泵 B	
	给水预热器循环泵 A 运行/跳闸			
3	互备联锁投入	AND	联锁启动给水预热器循环泵 A	
	给水预热器循环泵 B 运行/跳闸			
	给水预热器循环泵 A 入口滤网差压(PDS41101)		确认□	
	给水预热器循环泵 B 入口滤网差压(PDS41102)		确认□	
	给水预热器循环泵入口滤网差压(PDS41101、PDS41102)大说明滤网出现异常,需更换滤网			
	低压定排顺序控制、低压锅筒水位低保护			
	控制对象:低压锅筒水位(LT41101、LT41102)、低压锅筒内部残渣			
	执行机构:低压锅筒定排电动阀(DF41106)、余热锅炉停机装置(Typhoon 73 锅炉)			
	控制信号来源:低压锅筒水位(LT41101、LT41102)、操作员通过DCS手动控制			
1	低压锅筒水位高(200mm) 报警	AND	联锁打开低压锅筒定排电动阀	
	低压锅筒水位 高高(280mm)			
2	低压锅筒水位正常	AND	联锁关闭低压锅筒定排电动阀	
	低压锅筒定排电动阀开位			
3	低压锅筒水位 高高高（360mm）	AND	余热锅炉跳闸	
	低压锅筒水位 高高(280mm)			
4	低压锅筒水位 低低低（−360mm）	AND	余热锅炉跳闸	
	低压锅筒水位 低低(−280mm)			

表 3-48　涠洲终端余热电站项目低压锅炉系统控制逻辑说明书（二）

项目	试验内容	条件组合	动作结果	试验结果
	低压强制循环顺序控制			
	控制对象:低压蒸发器内的水			
	执行机构:低压蒸发器循环泵电动阀(DF41103、DF41104、DF41105)			
	控制信号来源:低压蒸发器循环泵组(BJ41120、BJ41121、BJ41122)			

续表

项目	试验内容	条件组合	动作结果	试验结果
1	低压蒸发器循环泵 A 运行		联锁开启低压蒸发器循环泵 A 电动阀	
	低压蒸发器循环泵 B 运行		联锁开启低压蒸发器循环泵 B 电动阀	
	低压蒸发器循环泵 C 运行		联锁开启低压蒸发器循环泵 C 电动阀	
2	互备联锁投入	AND	联锁启动给水预热器循环泵 B	
	给水预热器循环泵 A 运行/跳闸	OR		
	给水预热器循环泵 C 运行/跳闸			
3	互备联锁投入	AND	联锁启动给水预热器循环泵 A	
	给水预热器循环泵 B 运行/跳闸	OR		
	给水预热器循环泵 C 运行/跳闸			
4	互备联锁投入	AND	联锁启动给水预热器循环泵 C	
	给水预热器循环泵 B 运行/跳闸	OR		
	给水预热器循环泵 A 运行/跳闸			

低压蒸发器循环泵 A 入口滤网差压(PDS41103) 确认 □
低压蒸发器循环泵 B 入口滤网差压(PDS41104) 确认 □
低压蒸发器循环泵 C 入口滤网差压(PDS41105) 确认 □

低压蒸发器循环泵入口滤网差压(PDS41103、PDS41104、PDS41105)大,说明滤网出现异常,需更换滤网

低压主蒸汽出口顺序控制

控制对象:低压主蒸汽 Typhoon 73 锅炉

执行机构:低压主蒸汽出口电动闸阀(DF41108)

控制信号来源:操作员通过 DCS 手动控制

| 1 | ① 当低压主蒸汽满足补汽门进汽要求压力,且操作员允许启动补汽门时,全开此阀
② 当低压主蒸汽不能满足补汽门进汽要求,或者汽轮机、锅炉故障时,全关此阀 |

表 3-49 润洲终端余热电站项目中压锅炉系统控制逻辑说明书(一)

项目	试验内容	条件组合	动作结果	试验结果

中压锅筒定排顺序控制、中压锅筒水位低保护、中压锅筒水位高保护

控制对象:中压锅筒内部残渣、中压锅筒水位信号(LT41103、LT41104)2 选 1

执行机构:中压锅筒定排电动阀(DF41115)、中压锅筒紧急放水电动阀(DF41111)、余热锅炉停机装置(UGT6000 锅炉)

续表

项目	试验内容	条件组合	动作结果	试验结果
\multicolumn{5}{l}{控制信号来源:操作员通过 DCS 手动控制、中压锅筒水位信号(LT41103、LT41104)}				
1	中压锅筒水位 高 (200mm) 报警 中压锅筒水位 高高(280mm)	AND	联锁打开中压锅筒紧急放水电动阀	
2	中压锅筒水位 正常 中压锅筒紧急放水电动阀 开位	AND	联锁关闭中压锅筒紧急放水电动阀	
3	中压锅筒水位 高高高(360mm) 中压锅筒水位 高高(280mm)	AND	余热锅炉跳闸	
4	中压锅筒水位 低低低(-360mm) 中压锅筒水位 低低(-280mm)	AND	余热锅炉跳闸	
\multicolumn{5}{c}{中压给水顺序控制}				
\multicolumn{5}{l}{控制对象:从低压锅筒到中压省煤器的水、中压给水泵组(BJ41123、BJ41124)}				
\multicolumn{5}{l}{执行机构:中压给水泵出口电动阀(DF41109、DF41110)、中压给水泵组(BJ41123、BJ41124)}				
\multicolumn{5}{l}{控制信号来源:中压给水泵组(BJ41123、BJ41124)、系统联锁、操作员通过 DCS 手动控制}				
1	中压给水泵 A 运行 中压给水泵 B 运行		联锁打开中压给水泵 A 出口电动阀 联锁打开中压给水泵 B 出口电动阀	
2	互备联锁投入 中压给水泵 A 运行/跳闸	AND	联锁启动中压给水泵 B	
3	互备联锁投入 中压给水泵 B 运行/跳闸	AND	联锁启动中压给水泵 A	
	中压给水泵 A 入口滤网差压(PDS41106)		确认 □	
	中压给水泵 B 入口滤网差压(PDS41107)		确认 □	
\multicolumn{5}{l}{中压给水泵入口滤网差压(PDS41106、PDS41107)大说明滤网出现异常,需及时更换}				

表 3-50　涠洲终端余热电站项目中压锅炉系统控制逻辑说明书（二）

项目	试验内容	条件组合	动作结果	试验结果
\multicolumn{5}{c}{中压强制循环顺序控制}				
\multicolumn{5}{l}{控制对象:中压锅筒中的水、中压蒸发器循环泵组(BJ41125、BJ41126、BJ41127)}				
\multicolumn{5}{l}{执行机构:中压蒸发器循环泵电动阀(DF41112、DF41113、DF41114)、中压蒸发器循环泵组(BJ41125、BJ41126、BJ41127)}				
\multicolumn{5}{l}{控制信号来源:中压蒸发器循环泵组(BJ41125、BJ41126、BJ41127)、系统联锁、操作员通过 DCS 手动控制}				

续表

项目	试验内容	条件组合	动作结果	试验结果
1	中压蒸发器循环泵 A 运行		联锁打开中压蒸发器循环泵 A 电动阀	
2	中压蒸发器循环泵 B 运行		联锁打开中压蒸发器循环泵 B 电动阀	
3	中压蒸发器循环泵 C 运行		联锁打开中压蒸发器循环泵 C 电动阀	
4	互备联锁投入 中压蒸发器循环泵 A 运行/跳闸 OR 中压蒸发器循环泵 B 运行/跳闸	AND	联锁启动中压蒸发器循环泵 C	
5	互备联锁投入 中压蒸发器循环泵 B 运行/跳闸 OR 中压蒸发器循环泵 C 运行/跳闸	AND	联锁启动中压蒸发器循环泵 A	
6	互备联锁投入 中压蒸发器循环泵 A 运行/跳闸 OR 中压蒸发器循环泵 C 运行/跳闸	AND	联锁启动中压蒸发器循环泵 B	

中压蒸发器循环泵 A 入口滤网差压（PDS41108） 确认 □
中压蒸发器循环泵 B 入口滤网差压（PDS41109） 确认 □
中压蒸发器循环泵 C 入口滤网差压（PDS41110） 确认 □

中压蒸发器循环泵入口滤网差压（PDS41108、PDS41109、PDS41110）大，说明滤网出现异常，需及时更换

表 3-51 涠洲终端余热电站项目中压锅炉系统控制逻辑说明书（三）

项目	试验内容	条件组合	动作结果	试验结果
中压过热蒸汽压力保护				

控制对象：中压主蒸汽

执行机构：中压主蒸汽出口电动闸阀（DF41117）

控制信号来源：操作员通过 DCS 手动控制

① 作为首台锅炉启动时全开此阀，作为第二台锅炉启动时，蒸汽与母管达到并汽条件时打开此阀
② 锅炉停机或故障时，全关此阀

| 1 | 锅炉停炉 | AND | 联锁关闭中压主蒸汽出口电动闸阀 | |

表 3-52　涠洲终端余热电站项目锅炉停机控制逻辑说明书

项目	试验内容	条件组合	动作结果	试验结果
Typhoon 73 锅炉停机				
1	急停按钮			
2	锅筒水位 高高	AND		
	锅筒水位 高高高			
3	锅筒水位 低低	AND		
	锅筒水位 低低低			
4	1# Typhoon 燃气轮机停机	OR AND	Typhoon 73 锅炉停机	
	2# Typhoon 燃气轮机停机			
	3# Typhoon 燃气轮机停机			
	4# Typhoon 燃气轮机停机			
5	中压过热蒸汽温度 高(451℃)			
6	高、低压再循环泵全停			
UGT6000 锅炉停机				
1	急停按钮			
2	锅筒水位 高高	AND		
	锅筒水位 高高高			
3	锅筒水位 低低	AND		
	锅筒水位 低低低		OR	UGT6000 锅炉停机	
4	1# UGT6000 燃气轮机停机	AND		
	2# UGT6000 燃气轮机停机			
5	中压主蒸汽温度(TE41109)高(439℃)			
6	高、低压再循环泵全停			

表 3-53　涠洲终端余热电站项目锅炉停机联锁控制逻辑说明书

项目	试验内容	动作结果		试验结果
Typhoon 73 锅炉				
1	Typhoon 73 锅炉停机 信号	关闭	1#旁通烟囱三通挡板电动阀(T)	
2		关闭	2#旁通烟囱三通挡板电动阀(T)	
3		关闭	3#旁通烟囱三通挡板电动阀(T)	
4		关闭	4#旁通烟囱三通挡板电动阀(T)	

续表

项目	试验内容	动作结果		试验结果
5	Typhoon 73 锅炉停机 信号	打开	1#旁通烟囱锅炉侧电动蝶阀(T)	
6		关闭	1#旁通烟囱旁通侧电动蝶阀(T)	
7		打开	2#旁通烟囱锅炉侧电动蝶阀(T)	
8		关闭	2#旁通烟囱旁通侧电动蝶阀(T)	
9		打开	3#旁通烟囱锅炉侧电动蝶阀(T)	
10		关闭	3#旁通烟囱旁通侧电动蝶阀(T)	
11		打开	4#旁通烟囱锅炉侧电动蝶阀(T)	
12		关闭	4#旁通烟囱旁通侧电动蝶阀(T)	
13		延时 停止	1#旁通烟囱密封风机(T)	
14		延时 停止	2#旁通烟囱密封风机(T)	
15		延时 停止	3#旁通烟囱密封风机(T)	
16		延时 停止	4#旁通烟囱密封风机(T)	
		关闭	中压主蒸汽出口电动闸阀	
UGT6000 锅炉				
1	UGT6000 锅炉停机 信号	关闭	1#旁通烟囱三通挡板电动阀(U)	
2		关闭	2#旁通烟囱三通挡板电动阀(U)	
3		打开	1#旁通烟囱锅炉侧电动蝶阀(U)	
4		关闭	1#旁通烟囱旁通侧电动蝶阀(U)	
5		打开	2#旁通烟囱锅炉侧电动蝶阀(U)	
6		关闭	2#旁通烟囱旁通侧电动蝶阀(U)	
7		延时 停止	1#旁通烟囱密封风机(U)	
8		延时 停止	2#旁通烟囱密封风机(U)	
		关闭	中压主蒸汽出口电动闸阀	

表 3-54 涠洲终端余热电站项目汽轮机启动系统顺序控制逻辑说明书

项目	试验内容	条件组合	动作结果	试验结果
盘车就地/远传顺序控制、盘车启动顺序控制、盘车润滑顺序控制				

控制对象:盘车

执行机构:盘车控制面板、盘车控制电机

控制信号来源:操作员通过 DCS 手动控制、汽轮机零转速允许启盘车(SE51201ZA)、盘车润滑电磁阀(XC51218)

续表

项目	试验内容	条件组合	动作结果	试验结果
1	现场：将面板上的投切开关(SA1)置于手动位置，汽轮机转子停下后手动将汽轮机盘车齿轮啮合上，按下面板上的启动按钮(SB1)，盘车电机启动。如果要停盘车，按下面板上的停车按钮(SB2)即可			
2	控制室：将面板上的投切开关(SA1)置于自动位置，汽轮机转子停下后，在控制室将盘车控制信号投入，使盘车电机启动。将控制信号断开，盘车电机停止。就地可以将面板上的开关(SB2)置于停止位置，使盘车电机停止			
3	盘车润滑电磁阀 开启		盘车电机允许启动	
4	盘车电机停止		盘车润滑电磁阀关闭	
5	盘车控制电机处于手动方式时，操作员按下"启动"键	AND	盘车控制电机开启	
	润滑油压正常	汽轮机零转速允许启盘车(SE51201ZA)		
	汽轮机转速小于 5r/min			
6	盘车控制电机处于自动方式时	AND	盘车控制电机关闭	
	操作员按下"停止"键			

汽轮机高压油顺序控制

控制对象：汽轮机高压油				
执行机构：电动高压油泵(BJ51212)				
控制信号来源：操作员通过 DCS 手动控制、机带主油泵出口油压低启泵(PS51206)				
2	电动高压油泵处于手动方式时	AND	电动高压油泵 开启	
	操作员按下"启动"键			
3	电动高压油泵处于手动方式时	AND	电动高压油泵 停止	
	操作员按下"停止"键			
3	电动高压油泵处于自动方式时	AND	电动高压油泵 开启	
	机带主油泵出口油压降至 950kPa			

表 3-55　涠洲终端余热电站项目汽轮机滑油系统顺序控制逻辑说明书

项目	试验内容	条件组合	动作结果	试验结果
辅助油泵顺序控制				
控制对象：润滑油				
执行机构：辅助油泵(BJ51213)				
控制信号来源：操作员通过 DCS 手动控制、润滑油压低启辅助油泵(PS51203)				
1	辅助油泵处于手动方式时	AND	辅助油泵开启	
	操作员按下"启动"键			

续表

项目	试验内容	条件组合	动作结果	试验结果
2	辅助油泵处于手动方式时 操作员按下"停止"键	AND	辅助油泵停止	
3	辅助油泵处于自动方式时 润滑油压降至40kPa	AND	辅助油泵开启	

交流事故油泵顺序控制

控制对象:润滑油

执行机构:交流事故油泵(BJ51214)

控制信号来源:操作员通过DCS手动控制、润滑油压低启交流事故油泵(PS51204)

1	油泵处于手动方式时 操作员按下"启动"键	AND	油泵开启	
2	油泵处于手动方式时 操作员按下"停止"键	AND	油泵停止	
3	油泵处于自动方式时 润滑油压降至30kPa	AND	油泵开启	

汽轮机滑油箱排烟风机顺序控制

控制对象:汽轮机滑油箱油雾

执行机构:汽轮机滑油箱排烟风机(BJ51216)

控制信号来源:操作员通过DCS手动控制

1	手动开启			
2	手动关闭			

表 3-56 涠洲终端余热电站项目汽轮机进汽系统顺序控制逻辑说明书

主蒸汽进汽旁通顺序控制			

控制对象:主蒸汽

执行机构:主蒸汽进汽主电动阀(DF51202)

控制信号来源:操作员通过DCS手动控制

1	操作员准备启机前,操作员打开	电动阀打开
2	操作员准备停机前,操作员关闭	电动阀关闭
3	汽轮机组故障	联锁关闭电动阀

主蒸汽进汽旁通顺序控制		

控制对象:主蒸汽

执行机构:主蒸汽进汽旁通电动阀(DF51203)

续表

	主蒸汽进汽旁通顺序控制			
	控制信号来源:操作员通过DCS手动控制			
1	① 主蒸汽进汽电动阀经检查正常,保持关闭 ② 操作员准备启机前,若主蒸汽进汽主电动阀经检查无法打开,打开主蒸汽进汽旁通电动阀;若主蒸汽进汽主电动阀经检查无法关闭,无法启机 ③ 操作员准备停机前,关闭主蒸汽进汽旁通电动阀			
2	汽轮机组故障时自动关闭		旁通电动阀关闭	
	补汽进汽旁通顺序控制			
	控制对象:补汽			
	执行机构:补汽进汽主电动阀(DF51205)			
	控制信号来源:操作员通过DCS手动控制			
1	汽轮机负荷率及蒸汽品质达到要求值,操作员打开			
2	汽轮机负荷率及蒸汽品质不能达到要求值,操作员关闭			
	补汽进汽旁路顺序控制			
	控制对象:补汽			
	执行机构:补汽进汽旁通电动阀(DF51206)			
	控制信号来源:操作员通过DCS手动控制			
1	① 补汽进汽电动阀经检查正常,保持关闭 ② 操作员准备启机前,若补汽进汽主电动阀经检查无法打开,打开主蒸汽进汽旁通电动阀;若补汽进汽主电动阀经检查无法关闭,无法启机 ③ 操作员准备停机前,关闭补汽进汽旁通电动阀			
2	汽轮机组故障		联锁关闭电动阀	

表 3-57 涠洲终端余热电站项目汽轮机凝汽/给水系统顺序控制逻辑说明书

项目	试验内容	条件组合	动作结果	试验结果
	凝汽器水位低保护			
	控制对象:热井水位(LT51201)			
	执行机构:热井除盐水补水调节阀(DF51228)、凝结水再循环调节阀(TF51227)、凝结水泵组(BJ51215A、BJ51215B)			
	控制信号来源:热井水位(LT51201)、热井水位低报警-补水(LS51201)			
1	凝汽器低水位报警		除盐水补水调节阀介入,凝汽器再循环调节阀全开	
2	凝汽器低水位恢复正常		除盐水补水调节阀关闭,凝汽器再循环调节阀恢复调节	
3	凝汽器高高水位报警		凝结水泵组全部开启; 除盐水补水调节阀全关; 凝汽器再循环调节阀全关	

续表

项目	试验内容	条件组合	动作结果	试验结果
4	凝汽器高水位报警解除		凝汽器水泵正常地一用一备工作； 各调节阀恢复正常工作	
5	凝结水泵 A 运行/跳闸 联锁投入	AND	联锁启动凝结水泵 B	
6	凝结水泵 B 运行/跳闸 联锁投入	AND	联锁启动凝结水泵 A	
7	凝汽器高高水位报警 凝结水泵 A 运行 联锁投入	AND	联锁启动凝结水泵 B	
8	凝汽器高高水位报警 凝结水泵 B 运行 联锁投入	AND	联锁启动凝结水泵 A	
真空破坏顺序控制				
控制对象：排汽室真空				
执行机构：真空破坏电磁阀（XC51222）				
控制信号来源：操作员通过 DCS 手动控制				
1	手动开启		电磁阀开启	
2	手动关闭		电磁阀关闭	

表 3-58　涠洲终端余热电站项目汽轮机真空泵进气顺序控制逻辑说明书

项目	试验内容	条件组合	动作结果	试验结果
汽轮机真空泵进气顺序控制				
控制对象：凝汽器真空、真空泵组（BJ51209A、BJ51209B）				
执行机构：真空泵入口阀门（DF51208AO、DF51208BO）				
控制信号来源：真空泵入口蝶阀后真空（PS51208A、PS51208B）、真空泵入口蝶阀前真空（PS51207A、PS51207B）				
1	真空泵入口蝶阀后真空高于 150mbar 真空泵运行	AND	联锁打开真空泵入口蝶阀	
2	真空泵停止		联锁关闭真空泵入口蝶阀	

续表

项目	试验内容		条件组合	动作结果	试验结果
3	液位不低		AND	真空泵允许启动	
	真空泵入口阀门已关				
4	真空泵 A 运行/跳闸	OR	AND	联锁启动真空泵 B	
	真空泵 A 运行且真空低				
	B 入口蝶阀前压力已达到联锁条件				
	真空泵 B 允许启动				
5	真空泵 B 运行/跳闸	OR	AND	联锁启动真空泵 A	
	真空泵 B 运行且真空低				
	A 入口蝶阀前压力已达到联锁条件				
	真空泵 A 允许启动				

汽轮机真空泵补水顺序控制

控制对象:真空泵汽水分离器水位(LT51202A、LT51202B)

执行机构:真空泵补水电磁阀(XC51223A、XC512223B)

控制信号来源:真空泵汽水分离器水位(LT51202A、LT51202B)、真空汽水分离器水位低报警(LS51203A、LS51203B)、真空汽水分离器水位高报警(LS51204A、LS51204B)

| 1 | 真空汽水分离器水位低 | | | 联锁打开真空泵补水电磁阀 | |
| 2 | 真空汽水分离器水位高 | | | 联锁关闭真空泵补水电磁阀 | |

3.7.4.3 汽轮机监视及仪表系统(TSI)热工调试

(1) 调试前应具备的条件及准备工作

① 所有设备均已就位,TSI 柜安装完毕,就地前置放大器安装完毕,接线完毕且准确、可靠。

② 系统已经具备上电条件。

③ 各项联锁和保护定值准确可靠。

④ 一次传感器已经过校验。

⑤ 前置器与机柜间的连线已正确接好。

⑥ 大机油循环已结束。

(2) 调试检查

① 检查 TSI 每个监测器的短接块位置是否与设计相一致。

② 检查 TSI 前置器到框架的屏蔽线的接线是否正确。

③ 检查 TSI 所送电压是否与框架选型相一致。

④ 检查 TSI 每个监测器显示是否正常,系统监测器的 OK 灯是否点亮。

⑤ 盘车时对 TSI 系统做整体检查，看仪表显示是否正常。

⑥ 根据电厂提供的数据，在监测器上设置信号的报警点，包括报警和跳机两项。需与汽轮机配合，对报警、跳机等做系统联调。试验时，将输入监测器的信号断开，采用稳压电源提供报警、跳机电压值，模拟报警、跳机情况，检查 TSI 工作是否正常。

(3) 调试步骤

① 查线

a. 首先对系统原理图、端子接线图进行仔细研究，并确认之间没有错误，如果发现错误，以书面方式通知设计方，并让设计方提出修改通知。本系统从现场或其他系统取来的每一个信号线都要仔细检查，确保无误。

b. 根据系统接线图核对 TSI 柜内到各就地接线盒、电源柜、DEH 控制柜之间的连接电缆线。

② 控制柜送电：送电前对柜内接线做详细的检查，并检查电源电压是否符合要求，确保设备安全，送电后，检查电源是否正常。

③ 对各系统的监视器编程、量程、线性度等进行调整，并做报警、危险值的设定。

④ 对各传感器及前置器做校验及调整。

⑤ 安装传感器的同时对系统进行联调：确定振动及偏心探头间隙电压，确定转速及键相探头安装间隙，确定轴位移的零点至大轴的工作面的位置，确定监视器指示方向（如定为转子向发电机方向移动为正向指示），确定差胀探头安装位置及方向等；记录现场位移量与监视器指示数值。

⑥ 检查到报警系统的开关输出及接线，短接报警信号，报警系统应有相应的报警输出。

⑦ 动态调试：机组试运过程中对监视器做动态调整，发现问题及时解决。

⑧ 填好调试工作卡、调试工作备忘录，做好调试过程记录，发现问题及时通知厂家处理。

TSI 检查确认单如表 3-59 所示。

表 3-59　TSI 检查确认单

信号名称	报警值	跳机值	量程	确认
1#转速(SE51102A)	3210r/min	3390r/min	0~4500r/min	□
2#转速(SE51102B)	3210r/min	3390r/min	0~4500r/min	□
3#转速(SE51102C)	3210r/min	3390r/min	0~4500r/min	□
偏心(ZE51101)	30μm	—	0~200μm	□
胀差(ZE51102)	−1mm +2mm	−2mm +3mm	−4~6mm	□

续表

信号名称	报警值	跳机值	量程	确认
绝对(热)膨胀(ZE51103)		—	0～25mm	□
1#轴位移(ZE51104A)	−0.6mm +0.6mm	−1mm +1mm	−2～2mm	□
2#轴位移(ZE51104B)	−0.6mm +0.6mm	−1mm +1mm	−2～2mm	□
汽轮机前轴座振动(VE51101)	50μm	70μm	0～200μm	□
汽轮机后轴座振动(VE51102)	50μm	70μm	0～200μm	□
发电机前轴座振动(VE51103)	50μm	70μm	0～200μm	□
发电机后轴座振动(VE51104)	50μm	70μm	0～200μm	□
汽轮机前轴 X 向轴振动(VXE51105)	160μm	250μm	0～500μm	□
汽轮机前轴 Y 向轴振动(VYE51105)	160μm	250μm	0～500μm	□
汽轮机后轴 X 向轴振动(VXE51106)	160μm	250μm	0～500μm	□
汽轮机后轴 Y 向轴振动(VYE51106)	160μm	250μm	0～500μm	□
发电机前轴 X 向振动(VXE51107)	160μm	250μm	0～500μm	□
发电机前轴 Y 向振动(VYE51107)	160μm	250μm	0～500μm	□
发电机后轴 X 向振动(VXE51108)	160μm	250μm	0～500μm	□
发电机后轴 Y 向振动(VYE51108)	160μm	250μm	0～500μm	□
油箱油位(LT51101)	−100mm+100mm	—	−200～200mm	□

参加人员签字：

日期：

3.7.4.4 汽轮机危急遮断系统（ETS）热工调试

（1）调试前应具备的条件及准备工作

① 现场安全设施齐全，照明符合有关标准。

② 系统已经具备上电条件。

③ 各项联锁和保护定值准确可靠。

④ 一次传感器已经过校验。

⑤ 前置器与机柜间的连线已正确接好。

⑥ 机油循环已结束。

（2）调试步骤

① 硬件设备检查

a. 准备试验工具及其他试验材料。

b. 检查所安装的设备型号、制式等符合设计要求。

c. 检查并确保相关一次元件的安装位置正确。

d. 检查并确保设备间电缆接线正确。

② 静态调试　系统上电后，首先利用 ETS 控制的试验按钮检查各动作回路动作是否正确，然后再进行各模拟试验。

a. 润滑油压低停机：三个压力开关中的任意两个指示润滑油压低至停机时，ETS 就产生润滑油压低停机信号，使汽轮机遮断，同时相应的面板指示带灯按钮亮，当遮断信号消失后，需按复位按钮复位；该项保护可在现场给压力开关带压以后进行，缓慢降压，观察实际动作值及保护动作是否正确。

b. 真空低停机：三个压力开关中的任意两个指示真空低至停机时，ETS 就产生真空低停机信号，使汽轮机遮断，同时相应的面板指示带灯按钮亮，当遮断信号消失后，需按复位按钮复位；该项保护采用从压力开关节点处短接信号模拟来进行，记录保护动作是否正确。

c. 轴向位移大停机：当汽轮机的轴向位移监测值超过停机设定值时，TSI 送出轴向位移大停机信号，ETS 就产生轴向位移大停机信号，使汽轮机遮断，同时相应的面板指示带灯按钮亮，当遮断信号消失后，需按复位按钮复位；该项保护在安装测点进行联校的同时检查 TSI 动作情况，开机前试验采用短接触点的方法检查遮断器动作情况。

d. 胀差大停机：当汽轮机的气缸胀差监测值任何一个超过停机设定值时，TSI 送出胀差大停机信号，ETS 产生胀差大停机信号，使汽轮机遮断，同时相应的面板指示带灯按钮亮，当遮断信号消失后，需按复位按钮复位；该项保护在安装测点进行联校的同时检查 TSI 动作情况，开机前试验采用短接触点的方法检查遮断器动作情况。

e. 轴承振动大停机：当 ETS 接收到 TSI 发出的任何一个轴承振动大信号时，ETS 就产生轴承振动大停机信号，使汽轮机遮断，同时相应的面板指示带灯按钮亮，当遮断信号消失后，需按复位按钮复位；该项保护采用短接触点的方法验证保护动作是否正确。

f. 电超速：当 TSI 送给 ETS 的信号表示转速值大于 110% 时，ETS 就产生转速值大于 110% 停机信号，使汽轮机遮断，同时相应的面板指示带灯按钮亮，当遮断信号消失后，需按复位按钮复位；该项保护可在 TSI 端子处用加模拟信号达到动作值或短接触点的方法验证保护动作是否正确。

g. 轴承回油温度高停机：当 ETS 接收到一点轴承回油温度＞75℃信号时，ETS 就产生轴承回油温度高停机信号，使汽轮机遮断，同时相应的面板指示带灯按钮亮，当遮断信号消失后，需按复位按钮复位该项保护采用在就地短接触点的方法验证保护动作是否正确。

h. 发电机故障联锁停机：当 ETS 接收到发电机故障联锁停机信号时，ETS 就产生发电机故障联锁停机信号，使汽轮机遮断，同时相应的面板指示带灯按钮亮,当遮断信号消失后,需按复位按钮复位。该项保护采用在电气短接触点的方法验证保护动作是否正确。

i. 遥控停机保护:本系统设有一个停机按钮,当ETS系统接收到停机信号,会遮断汽轮机,同时发出相应的停机信号。

③ 系统热态投入 每项保护投入运行要有投入记录。在系统逐步投入运行过程中,应与汽轮机调试人员、运行人员以及安装公司等各单位的有关人员协商,并做好安全预防措施。

ETS模拟测试记录单和ETS动作后联锁设备记录单分别如表3-60和表3-61所示。

表3-60 ETS模拟测试记录单

停机信号名称(位号)	停机	确认
汽轮机转速(SE51102A~C)	HH(TSI 3390r/min DEH 3270r/min)	模拟□实际□
汽轮机轴向位移(ZE51104A~B)	HH(±1mm)	模拟□
汽轮机前轴座振动(VE51101)	HH(70μm)	模拟□
汽轮机后轴座振动(VE51102)	HH(70μm)	模拟□
发电机前轴座振动(VE51103)	HH(70μm)	模拟□
发电机后轴座振动(VE51104)	HH(70μm)	模拟□
汽轮机前轴X方向振动(VXE51105)	HH(250μm)	模拟□
汽轮机前轴Y方向振动(VYE51105)	HH(250μm)	模拟□
汽轮机后轴X方向振动(VXE51106)	HH(250μm)	模拟□
汽轮机后轴Y方向振动(VYE51106)	HH(250μm)	模拟□
发电机前轴X方向振动(VXE51107)	HH(250μm)	模拟□
发电机前轴Y方向振动(VYE51107)	HH(250μm)	模拟□
发电机后轴X方向振动(VXE51108)	HH(250μm)	模拟□
发电机后轴Y方向振动(VYE51108)	HH(250μm)	模拟□
胀差(ZE51102)	HH(−2mm +3mm)	模拟□
推力瓦块温度(TE51219A~E,共5个)	HH(100℃)	模拟□
汽轮机前轴承轴瓦温度(TE51220A~B)	HH(100℃)	模拟□
汽轮机后轴承轴瓦温度(TE51221A~B)	HH(100℃)	模拟□
发电机前轴承轴瓦温度(TE51222A~B)	HH(90℃ 100℃)	模拟□
发电机后轴承轴瓦温度	HH(90℃ 100℃)	模拟□
汽轮机推力轴承回油温度(TT51213A~B)	HH(70℃)	模拟□
汽轮机前轴承回油温度(TT51214)	HH(70℃)	模拟□
汽轮机后轴承回油温度(TT51215)	HH(70℃)	模拟□
发电机前轴承回油温度(TT51216)	HH(70℃)	模拟□

续表

停机信号名称(位号)	停机	确认
发电机后轴承回油温度	HH(70℃)	模拟□
保安油压(PS51103A~C)	DI,DEH 判断是否停机(<0.5MPa)	模拟□
润滑油压力低停机(PS51101A~C)	DI,三取二,立即停机(<0.02MPa)	模拟□
主汽门开启(ZSO51219A~B)	DI,与保安油压信号一起进 DEH,由 DEH 判断是否停机	模拟□
凝汽器真空度低停机(PS51102A~C)	DI,三取二,立即停机 降到 0.06MPa(450mmHg)以下(厂家资料)	模拟□
发电机主保护动作(电气信号)	DI,立即停机	模拟□
手动停机按钮		模拟□实际□

以上条件任意发生,ETS 动作,汽轮机跳闸,危急遮断器滑阀动作,泄放安全控制油,自动关闭主汽门和调节汽门。

注:汽轮机冲转后,可选任意项做在线模拟跳闸。

表 3-61　ETS 动作后联锁设备记录单

动作设备	动作结果	确认
主蒸汽进汽主电动阀	延时关闭	□
主蒸汽进汽旁通电动阀	延时关闭	□
补汽进汽主电动阀	延时关闭	□
补汽进汽旁通电动阀	延时关闭	□
主蒸汽旁排气动阀	打开	□
补汽旁排气动阀	打开	□
主汽门	关闭	□

3.7.4.5　汽轮机控制系统(DEH)热工调试

(1) 前期调试的技术准备工作

① 对照机组热力系统及汽轮机油系统图,审核汽轮机电-液调节系统(DEH)控制功能组态图。

② 审核 DEH 控制仪表接线图,根据实际的调试情况,编制合适的现场调试接线流程图。

③ 按照机组调试的进度计划和汽轮机机务调试的工作进度,制订相对应的调试工作计划,并制订调试技术措施。

(2) DEH 系统的恢复

① 检查控制系统机柜间及工程师站和操作员站的环境情况,以满足仪表运

行环境的要求。

② 系统恢复前，进行系统恢复前的硬件检查工作，包括柜内配置的核查和机柜绝缘及接地等情况。

③ 系统硬件恢复后，进行系统软件恢复，包括仪表本身的运行软件和控制部分的组态软件以及系统网络的调试。

（3）分系统调试

① 接线检查　按技术质量要求和调试验收的质量要求，对照调试前期所编制的接线流程图，对电建公司安装接线的工艺、质量进行检查。

② 移交检查　按照机组分系统调试的进度要求，对安装单位的各个单体调试的项目进行检查，并要求安装单位提供合格的单体调试试验报告和仪表调试的校验报告。技术条件满足的要办理验收签证手续。

③ 卡件跳线检查　根据各个测点的具体情况，检查变送器测量卡件的内、外供电接线。

④ 画面检查　检查画面上的模拟量信号，包括信号的量程、报警值等。

⑤ 通道及信号校验　数字量 I/O 卡通道的校验，就地模拟信号，检查 I/O 卡及画面的信号情况。

⑥ 执行机构校验

a. 主汽门挂闸、打闸：确认汽轮机油循环结束和油系统恢复后，进行汽轮机挂闸、打闸功能试验。

b. 汽轮机调节阀门的调校：与机务人员配合，对每台机组调节阀门及控制通道进行调校。

c. 远操检查：执行机构调校结束后，手动操作画面及 DEH 操作面板，检查各个手动操作的实际情况，包括阀门的快慢速操作、汽轮机的挂闸和跳闸等。

⑦ 功能试验和检查

a. 保护功能试验：静态模拟各种条件，对 DEH 的超速保护、机组甩负荷等功能进行试验。

b. 调节功能试验（包括各种回路、功能的切投试验）：静态模拟条件，对 DEH 主汽门、调节汽门的转速控制，调节汽门的负荷控制等调节功能进行试验，并初步整定和设置各个调节系统参数。

c. 阀门试验：挂闸汽轮机，通知机务进行阀门试验。

（4）整套启动

① 配合汽轮机机务调试人员，在汽轮机整套启动前做相关专业联锁试验、阀门试验和 DEH 功能检查。

② 汽轮机整套启动中投入 DEH 转速控制功能，并配合机务调试人员做汽轮机 ETS 电超速试验、后备超速试验和机械超速试验。

③ 随着运行工况的不断变化，逐步整定 DEH 中的各项功能、参数，使汽轮

机控制更加安全可靠。

(5) 带负荷运行调试

① 根据机组运行的实际情况，逐步投入负荷控制等其他功能，并根据工况整定控制参数和优化控制功能，满足负荷控制的要求。

② DEH 和 ETS 配合汽轮机，做电气油开关跳闸机组甩负荷试验。

(6) 72h+24h 试运期间调试

结合机组运行实际情况，优化 DEH 各项控制功能，维护系统特别是通信卡件的工作状态，保证 72h+24h 试运期间汽轮机安全控制。

(7) 系统运行

该系统正常运行后，由运行人员进行设备操作和监控。各调试人员（包括安装单位相关人员和 DEH 厂家服务人员）负责该系统及就地热控设备的维护，根据现场的实际情况进行逻辑修改和优化。

DEH 信号测试记录单、DEH 限制保护试验记录单、DEH 功能模拟试验记录表和 DEH 功能在线试验记录表分别如表 3-62～表 3-65 所示。

表 3-62 DEH 信号测试记录单

项目	内容	卡件	通道	信号类型	量程/继电器	确认
1	发电机功率 1	F1-01	1	AI		
2	凝汽器真空 1	F1-01	4	AI		
3	主汽门前压力 1	F1-01	5	AI		
4	系统油压	F1-01	7	AI		
5	高调伺服阀阀芯位置	F1-01	8	AI		
6	发电机功率 2	F2-01	1	AI		
7	凝汽器真空 2	F2-01	4	AI		
8	主汽门前压力 2	F2-01	5	AI		
9	自动同期请求	F1-02	1	DI		
10	同期增	F1-02	2	DI		
11	同期减	F1-02	3	DI		
12	EH 滤油器 A 压差高	F1-02	5	DI		
13	安全油压建立 1	F1-02	6	DI		
14	安全油压建立 2	F1-02	7	DI		
15	主汽门全关(左)	F1-02	8	DI		
16	1#EH 油泵电源监视	F1-02	12	DI		
17	1#EH 油泵运行	F1-02	13	DI		

续表

项目	内容	卡件	通道	信号类型	量程/继电器	确认
18	1#EH油泵远程投入/切除	F1-02	14	DI		
19	油开关跳	F1-02	15	DI		
20	ETS打闸	F2-02	1	DI		
21	安全油压建立3	F2-02	6	DI		
22	EH滤油器B压差高	F2-02	7	DI		
23	主汽门全关(右)	F2-02	8	DI		
24	2#EH油泵电源监视	F2-02	9	DI		
25	2#EH油泵运行	F2-02	10	DI		
26	2#EH油泵远程投入/切除	F2-02	11	DI		
27	并网	F2-02	16	DI		
28	发电机有功功率	F1-03	1	AO		
29	气缸上半温度	F1-03	2	AO		
30	气缸下半温度	F1-03	3	AO		
31	油箱油温	F1-03	4	AO		
32	主汽门前压力	F1-03	5	AO		
33	系统油压	F1-03	6	AO		
34	调节级处气缸上半金属内壁温度	F1-04	1	TC		
35	调节级处气缸下半金属内壁温度	F1-04	2	TC		
36	油箱油温	F1-04	3	TC		
37	DEH开出打闸	R3-01	1	DO		
38	OPC动作	R3-01	2	DO		
39	允许同期	R3-01	3	DO		
40	启动1#EH油泵	R3-01	4	DO		
41	停止1#EH油泵	R3-01	5	DO		
42	主汽门全关(左)	R3-01	6	DO		
43	EH滤油器A压差高	R3-01	7	DO		
44	安全油压建立1	R3-01	8	DO		
45	充油电磁阀	R3-01	9	DO		
46	启动2#EH油泵	R3-01	11	DO		
47	停止2#EH油泵	R3-01	12	DO		

续表

项目	内容	卡件	通道	信号类型	量程/继电器	确认
48	主汽门全关(右)	R3-01	13	DO		
49	EH 滤油器 B 压差高	R3-01	14	DO		
50	安全油压建立 2	R3-01	15	DO		
51	安全油压建立 3	R3-01	16	DO		
52	DEH 转速监视 1	F3-02	37 38	MS1		
53	DEH 转速监视 2	F3-03	37 38	MS2		
54	DEH 转速监视 3	F3-04	37 38	MS3		
55	LVDT1 传感器:主线圈	F3-05	1 2	CV1		
56	LVDT1 传感器:次 1 线圈	F3-05	3 4	CV1		
57	LVDT1 传感器:次 2 线圈	F3-05	5 6	CV1		
58	LVDT2 传感器:主线圈	F3-05	7 8	CV1		
59	LVDT2 传感器:次 1 线圈	F3-05	9 10	CV1		
60	LVDT2 传感器:次 2 线圈	F3-05	11 12	CV1		
61	伺服阀驱动信号	F3-05	49 50	CV1		
62	测速模块打闸 3 取 2 开出	TB2	11 12			
63	测速模块快关 3 取 2 开出	TB2	13 14			
64	油开关跳	TB2	15 16			
65	并网	TB2	19 20			
66	DEH 开出打闸	TB2	21 22			
67	1Q1 测速板打闸开出	TB2	23 24			
68	快关开出	TB2	25 26			
69	2Q 测速板快关开出	TB2	27 28			
70	7Q 打闸联动快关	TB2	29 30			
71	充油电磁阀	TB2	31 32			
72	油开关跳闸	TB3	1 2			
73	并网	TB3	5 6			
74	测速单元 110％去 SOE	TB3	11 12			
75	测速单位 103％去 SOE	TB3	13 14			
76	DEH 打闸去 ETS	TB3	15 16			
77	DEH 快关去 SOE	TB3	19 20			

续表

项目	内容	卡件	通道	信号类型	量程/继电器	确认
78	220V(AC)电源全关去 ETS	TB3	21 22			
79	DEH 打闸去 SOE	TB3	23 24			
80	高调伺服阀电源	TB3	27 28			
81	高调伺服阀指令	TB3	29 30			
82	高调伺服阀阀芯反馈	TB3	31			

表 3-63 DEH 限制保护试验记录单

项目	试验内容	动作结果	试验结果
	OPC 超速保护		
1	汽轮机转速超过额定转速一定限制(如 10%～12%)时	飞锤打出,危急遮断器、危急遮断油门动作,切断保安油路	
2	在油开关跳闸期间,当转速超过 3090r/min 时	关调节汽门	
3	在负荷大于 30% 期间,当发生油开关跳闸时	OPC 电磁阀动作调节汽门立即关闭,2s 后控制恢复到转速 PID 方式	
4	在负荷大于 30% 期间,当外部电网线路开关跳闸时	OPC 电磁阀动作调节汽门立即关闭	
5	OPC 动作后,当机组加速度小于零时	OPC 电磁阀失电,恢复调节系统控制	
	阀位限制		
1	当操作员改变阀位限制值,总阀位超出阀位限制值时	总阀位给定以 6%/min 的速度减到此限制值	
操作员可在 0～120% 范围内修改阀位限制值			
	高负荷限制		
1	实际负荷大于高负荷限制值时,高负荷限制动作	总阀位指令将以 25%/min 的速度减小,使负荷低于限制值或低到 20% 额定负荷以下时,动作结束	
	主汽压保护		
1	当主汽压力达到设定上限值时	负荷闭锁增	
2	当主汽压力低于设定下限值时	将逐渐关小调节汽门,直到主汽压力回到正常范围	
	轴向位移保护		
1	汽轮机转子位移超过规定值时	危急遮断油门动作,切断保安油路	
	手动停机		
1	手动试验控制阀上的手动停机按钮	切断保安油路	

续表

项目	试验内容	动作结果	试验结果
打闸(在挂闸状态下)			
1	系统转速大于110%	OR	
2	脱网、机组已运行状态下,伺服单元切手动		
3	脱网状态下,测速通道全故障		
4	脱网状态下,1♯、2♯、3♯汽轮机转速相差20r/min(转速大于200r/min)	遮断电磁阀、关主汽门电磁阀、OPC电磁阀动作,同时送给ETS相应信号,使磁力断路油门动作,各阀门关闭	
5	脱网状态下,测速板故障、给定转速与实际转速相差500r/min		
6	机组脱网且转速大于100r/min时,整定LVDT零位、幅度		
7	ETS发来打闸信号		

表 3-64　DEH 功能模拟试验记录表

项目	试验内容	动作结果	试验结果
阀门调整试验			
阀门整定方式下,DEH改变阀位给定值,使油动机全行程走一遍,伺服板自动记录油动机全关、全开位置对应的LVDT油动机行程反馈电压值,并使阀位给定值0%、100%模出的给定电压值等于对应的全关、全开位置LVDT电压值,即可使阀位给定值与油动机行程一一对应,也使画面上油动机行程的显示值与实际油动机行程一致			
允许整定条件为:需同时满足:①转速低于100r/min;②机组挂闸			
阀位给定	阀位反馈显示	实际油动机行程	
阀门严密性试验			
1	按下"严密性试验允许"按钮,按钮变亮	AND	允许严密性试验
2	发电机脱网		
3	转速大于2990r/min		
4	汽轮机已运行		
主汽门严密性试验			
单击"主汽门试验投入"按钮,按钮灯亮,自动完成如下过程:			

续表

项目	试验内容	动作结果	试验结果
1	关主汽门电磁阀动作		
2	转子惰走,自动记录惰走时间		
3	当转速降到可接受转速时,惰走时间停止;根据惰走时间发出"试验成功"或"试验失败"信号,同时汽轮机打闸		
4	单击"试验停止"按钮,关主汽门电磁阀失电主汽门重新开启,维持当前转速		
5	使"试验允许"按钮灯灭,惰走时间清零,主汽门严密性试验结束		
调节汽门严密性试验			
单击"高压调节汽门试验投入"按钮,按钮灯亮,自动完成如下过程:			
1	总阀位给定置零		
2	转子惰走,自动记录惰走时间		
3	当转速降到可接受转速时,惰走时间停止;根据惰走时间发出"试验成功"或"试验失败"信号,同时汽轮机打闸		
4	单击"试验停止"按钮,DEH维持当前转速		
5	使"试验允许"按钮灯灭,惰走时间清零,高压调节汽门严密性试验结束		
主汽门活动试验			
1	主汽门上方的电磁阀得电,泄掉少量保安油	主汽门关闭10%,再使电磁阀失电,主汽门恢复全开	
超速与自动停机遮断试验			
1	进行电超速试验,将转速提升至3270r/min	电调超速保护应动作	
2	进行机械超速试验,将转速提升至3300～3360r/min	危急遮断器应动作	
3	危急遮断器在线动作试验,在汽轮机正常工作时,不提升机组转速,通过"试验控制阀"检查危急遮断器动作是否正常	危急遮断器与危急遮断器油门灵活不卡涩	

表 3-65 DEH 功能在线试验记录表

项目	试验内容	动作结果	试验结果
阀门严密性试验			
1	按下"严密性试验允许"按钮,按钮变亮	AND 允许严密性试验	
2	发电机脱网	^	
3	转速大于2990r/min	^	
4	汽轮机已运行	^	

续表

项目	试验内容	动作结果	试验结果
	主汽门严密性试验		
单击"主汽门试验投入"按钮,按钮灯亮,自动完成如下过程:			
1	关主汽门电磁阀动作		
2	转子惰走,自动记录惰走时间		
3	当转速降到可接受转速时,惰走时间停止;根据惰走时间发出"试验成功"或"试验失败"信号,同时汽轮机打闸		
4	单击"试验停止"按钮,关主汽门电磁阀失电主汽门重新开启,维持当前转速		
5	使"试验允许"按钮灯灭,惰走时间清零,主汽门严密性试验结束		
	调节汽门严密性试验		
单击"高压调节汽门试验投入"按钮,按钮灯亮,自动完成如下过程:			
1	总阀位给定置零		
2	转子惰走,自动记录惰走时间		
3	当转速降到可接受转速时,惰走时间停止;根据惰走时间发出"试验成功"或"试验失败"信号,同时汽轮机打闸		
4	单击"试验停止"按钮,DEH维持当前转速		
5	使"试验允许"按钮灯灭,惰走时间清零,高压调节汽门严密性试验结束		
	主汽门活动试验		
1	主汽门上方的电磁阀得电,泄掉少量保安油	主汽门关闭10%,再使电磁阀失电,主汽门恢复全开	
	超速与自动停机遮断试验		
1	进行电超速试验,将转速提升至3270r/min	电调超速保护应动作	
2	进行机械超速试验,将转速提升至3300~3360r/min	危急遮断器应动作	
3	危急遮断器在线动作试验,在汽轮机正常工作时,不提升机组转速,通过"试验控制阀"检查危急遮断器动作是否正常	危急遮断器与危急遮断器油门灵活不卡涩	

第 4 章
涠洲终端余热电站项目主要设备维护保养

4.1 燃-蒸联合循环电站主要设备

涠洲终端处理厂燃-蒸联合循环电站主要设备一览表如表 4-1 所示。

表 4-1 涠洲终端处理厂燃-蒸联合循环电站主要设备一览表

序号	设备名称	技术参数	投用年份
1	1#立式双压余热锅炉	2.50MPa(G);430℃过热蒸汽 17.3t/h 0.42MPa(G);205℃过热蒸汽 3.8t/h	2018 年
2	2#立式双压余热锅炉	2.50MPa(G);430℃过热蒸汽 17.3t/h 0.42MPa(G);205℃过热蒸汽 3.8t/h	2018 年
3	锅炉高压给水泵	额定流量:25m^3/h 扬程:350m 转速:2950r/min 电机功率:55kW	2018 年
4	锅炉给水预热器循环泵	额定流量:6.3m^3/h 扬程:20m 转速:2950r/min 电机功率:1.5kW	2018 年
5	锅炉中压蒸发器循环泵	额定流量:70m^3/h 扬程:50m 转速:2950r/min 电机功率:15kW	2018 年
6	锅炉低压蒸发器循环泵	额定流量:21m^3/h 扬程:60m 转速:2950r/min 电机功率:11kW	2018 年
7	定期排污扩容器 DN1200	DN1200 容积:3.5m^3	2018 年
8	连续排污扩容器 DN700	DN700 容积:2.5m^3	2018 年

续表

序号	设备名称	技术参数	投用年份
9	取样冷却器	—	2018 年
10	加药装置	磷酸盐加药 $0\sim5$L/h, $P=1.6$MPa $0\sim20$L/h, $P=4.0$MPa	2018 年
11	补汽凝汽式汽轮机	额定功率:10000kW 设计进汽压力:2.4MPa/0.42MPa 设计进汽温度:420℃/195℃ 设计进汽量:32.4t/h/7.38t/h 额定转速:3000r/min	2018 年
12	发电机	额定电压:6.3kV 额定功率:10000kW 功率因数:0.8 频率:50Hz	2018 年
13	冷凝器(管程钛合金)	换热面积:1450m^2 蒸汽流量:≤50t/h 冷却水量:约 4000t/h(最高 33℃) 水侧最高压力:0.25MPa	2018 年
14	凝结水泵	额定流量:50m^3/h(<80℃) 扬程:120m 转速:2950r/min 电机功率:37kW	2018 年
15	冷凝器除盐水补水泵	额定流量:5m^3/h(<80℃) 扬程:81m 转速:2950r/min 电机功率:7.5kW	2018 年
16	汽轮机房疏水箱疏水泵	额定流量:6m^3/h 扬程:123m 转速:2950r/min 电机功率:11kW	2018 年
17	气封加热器		2018 年
18	真空泵	型式:水环式 凝汽器背压:7kPa 抽气量:12.5kg/h 电机功率:37kW	2018 年
19	汽轮发电机组滑油组件	油箱容积:4m^3 油泵流量:50m^3/h 扬程:125m	2018 年
20	开式海水冷却塔	额定流量:3×1500m^3/h 风扇直径:6.0m 叶轮转速:165r/min 电机功率:3×75kW	2018 年

续表

序号	设备名称	技术参数	投用年份
21	海水循环泵	额定流量:1500m³/h(<80℃) 扬程:25m 转速:1450r/min 电机功率:160kW	2018 年
22	向冷却塔池补给海水泵	额定流量:120m³/h(<80℃) 扬程:15m 转速:2950r/min 电机功率:7.5kW	2018 年
23	向海水淡化站供给海水泵	额定流量:120m³/h(<80℃) 扬程:15m 转速:2950r/min 电机功率:7.5kW	2018 年
24	海水-淡水板式换热器	换热面积:450m² 热负荷:3616.4kW 淡水流量:360t/h 进出水温:43℃/35℃(海水侧 33℃/41℃)	2018 年
25	闭式淡水循环泵	额定流量:200m³/h(<80℃) 扬程:50m 转速:2950r/min 电机功率:45kW	2018 年
26	工业冷却水供水泵	额定流量:7.5m³/h(<80℃) 扬程:52.5m 转速:2950r/min 电机功率:5.5kW	2018 年

4.2 燃-蒸联合循环电站设备维护保养策略

涠洲终端处理厂燃-蒸联合循环电站设备维护保养（10 年）计划表如表 4-2 所示。

表 4-2 涠洲终端处理厂燃-蒸联合循环电站设备维护保养（10 年）计划表

设备名称	维保年份									
	2018年	2019年	2020年	2021年	2022年	2023年	2024年	2025年	2026年	2027年
1#立式双压余热锅炉	A	AB	A	AB	A	AB	A	AB	A	AB
2#立式双压余热锅炉	A	AB	A	AB	A	AB	A	AB	A	AB
补汽凝汽式汽轮机	A	AB	A	AB	A	AB	A	AB	A	AB
开式海水冷却塔	A	A	A	A	A	A	A	A	A	A
海水淡化站	A	A	A	A	A	A	A	A	A	A
主厂房行车	A	A	A	A	A	A	A	A	A	A

续表

设备名称	维保年份									
	2018年	2019年	2020年	2021年	2022年	2023年	2024年	2025年	2026年	2027年
疏水扩容器	A	A	A	A	A	A	A	A	A	A
脱销装置	A	A	A	A	A	A	A	A	A	A
热力系统	A	A	A	A	A	A	A	A	A	A
除氧给水系统	A	A	A	A	A	A	A	A	A	A
蒸汽输送系统	A	A	A	A	A	A	A	A	A	A
凝结水系统	A	A	A	A	A	A	A	A	A	A
抽真空系统	A	A	A	A	A	A	A	A	A	A
余热锅炉排污和疏放水系统	A	A	A	A	A	A	A	A	A	A
工业水系统	A	A	A	A	A	A	A	A	A	A
冷凝器、冷油器及发电机空冷器冷却系统	A	A	A	A	A	A	A	A	A	A
主管道系统	A	A	A	A	A	A	A	A	A	A
机泵	B	B	B	B	B	B	B	B	B	B
分散控制系统 DCS	A	A	A	A	A	A	A	A	A	A
DEH 控制系统	A	A	A	A	A	A	A	A	A	A
ETS 控制系统	A	A	A	A	A	A	A	A	A	A

注：1. 表中"A"代表维保周期为 1 年；"B"代表维保周期为 2 年。
2. 2013 年 6 月 29 日通过的《中华人民共和国特种设备安全法》和 2009 年 1 月 14 日通过的《国务院关于修改〈特种设备安全监察条例〉的决定》要求特种设备余热锅炉、压力管道、行车、疏水扩容器年度检查等属于国家法律法规强制要求完成的项目。
3. 其他设备和系统均按照厂家文件要求完成维保项目。

4.3 余热锅炉维护保养

按照国家法律法规要求，需对锅炉进行定期内部检验。内部检验的承压部件包括锅筒（壳）、封头、管板、炉胆、回燃室、水冷壁、烟管、对流管束、集箱、过热器、省煤器、外置式汽水分离器、导汽管、下降管、下脚圈、冲天管和锅炉范围内管道等。内部检验主要是检验锅炉承压部件是否在运行中出现裂纹、起槽、过热、胀粗、变形、泄漏、腐蚀、磨损、苛性脆化、水垢、积炭等影响安全的缺陷。对于历次检验有缺陷的部位，应当采用同样的检验方法或者增加相应的检验方法进行重点复检复测。

4.3.1 锅炉检验资料准备

进行内部检验前,锅炉使用单位应当准备以下技术资料:
① 锅炉使用登记证。
② 锅炉历次检验报告,包括锅炉定期检验报告、锅炉或者部件监督检验证书和报告、锅炉水汽质量检验报告或者有机热载体检验报告等。
③《锅炉安全技术监察规程》所要求的锅炉出厂资料、A 级锅炉特殊的出厂资料,对于燃油燃气锅炉还包括燃烧器型式试验报告和证书。
④ 锅炉安装以及调试技术资料,包括安装竣工资料、调试方案、分部试运报告和调试报告。
⑤ 锅炉技术记录,包括锅炉以及辅助设备故障、事故、超温、超压等运行记录,承压部件损坏记录和缺陷处理记录,锅炉以及辅助设备维修保养记录,锅炉检修记录、质量验收资料,安全阀校验记录,有机热载体锅炉还应当包括有机热载体性能分析资料。
⑥ 锅炉特殊的技术记录,包括锅炉检修技术资料,锅炉金属技术监督、热工技术监督、水汽质量监督技术资料。
⑦ 锅炉部件重大修理和改造资料,包括重大修理和改造方案、设计图纸、计算资料以及施工技术方案、质量检验和验收签证资料。
⑧ 检验检测人员认为需要查阅的其他技术资料。

4.3.2 锅炉检验现场准备工作

在进行内部检验前,锅炉使用单位应当做好以下准备工作:
① 锅炉的风、烟、水、汽、电和燃料系统必须可靠隔断。
② 准备好安全照明和工作电源。
③ 停炉后应当放净锅炉内的水,锅炉上的人孔、手孔、灰门等检查门孔盖已全部打开,锅炉内部得到充分冷却,并通风换气。
④ 搭设检验需要的脚手架、检查平台、护栏等,吊篮和悬吊平台应当有安全锁。
⑤ 拆除受检部位的保温材料和妨碍检验的部件。
⑥ 对受检部件进行清理,必要时进行打磨。
⑦ 锅炉使用单位还应当提供必要的检验设备存放地、现场办公室等。

4.3.3 检验过程中的现场配合以及安全监护工作

① 内部检验过程中,锅炉使用单位应当做好现场配合以及安全监护工作;检验检测人员进入炉膛、烟道、锅筒(壳)、水冷壁进口环形集箱、循环流化床锅炉的热旋风分离器等空间进行检验时,应当有可靠通风并且设专人监护。

② 锅炉在内部检验开始前，锅炉使用单位应当对检验检测人员进行安全交底。

4.3.4 检验方法以及要求

内部检验一般以宏观检查为主，必要时采用壁厚测量、几何尺寸测量、无损检测、理化检测、垢样分析、强度校核等检验检测方法。无损检测的验收标准、技术等级及焊接接头质量等级要求应当按照《锅炉安全技术监察规程》第 4 章制造部分的相关要求执行。

4.3.5 技术资料核查

检验检测人员应当首先核查锅炉技术资料是否齐全、有效。对于非首次检验的锅炉，重点核查新增加和有变更的部分、异常情况记录、上次检验报告中提出的缺陷和问题以及处理整改措施的落实情况。

余热锅炉内部检验维护保养内容如表 4-3 所示。

表 4-3　余热锅炉内部检验维护保养内容

序号	作业项目	主要内容和标准
1	锅筒	① 抽查表面可见部位是否有明显腐蚀，应当无裂纹 ② 抽查内部装置是否完整，是否有明显腐蚀、垢层等缺陷；抽查汽水分离装置、给水清洗装置，应当无脱落、开焊现象 ③ 抽查下降管孔、给水管套管以及管孔、加药管孔、再循环管孔、汽水引入引出管孔、安全阀管孔等是否有明显腐蚀、冲刷等缺陷，应当无裂纹 ④ 抽查加药管、连续排污管等是否完好、畅通；抽查水位计的汽水连通管、压力表连通管、汽水取样管管孔等，应当无堵塞 ⑤ 抽查内部预埋件的焊缝表面，应当无裂纹 ⑥ 检查人孔密封面，应当平整光洁、无划痕和拉伤痕迹；检查人孔铰链座连接焊缝表面，应当无裂纹 ⑦ 抽查安全阀管座、加强型管接头等，应当无裂纹 ⑧ 抽查锅筒与吊挂装置是否接触良好，内圆弧是否吻合；抽查吊杆装置是否牢固，受力是否均匀；抽查支座是否有明显变形，预留膨胀间隙是否足够，方向是否正确
2	水冷壁	
2.1	水冷壁集箱	① 抽查集箱外表面是否有明显腐蚀 ② 抽查管座角焊缝表面，应当无裂纹、未熔合、气孔、超标咬边、夹渣等缺陷 ③ 抽查水冷壁进口集箱内部是否有异物堆积、明显腐蚀，内部挡板是否完好，应当无开裂、倒塌；抽查连通管是否堵塞，水冷壁进口节流圈是否有脱落、结垢、明显磨损等缺陷 ④ 检查环形集箱人孔和人孔盖密封面，应当无径向划痕 ⑤ 抽查集箱与支座是否接触良好，支座是否完好、是否有明显变形，预留膨胀间隙是否足够，方向是否正确；抽查吊耳与集箱连接焊缝，应当无裂纹、超标咬边等缺陷 ⑥ 对于调峰机组的锅炉，还应当对集箱封头焊缝、环形集箱对接焊缝进行表面无损检测抽查，必要时进行超声波检测；对环形集箱人孔角焊缝、管座角焊缝进行表面无损检测抽查；条件具备时，还应当对集箱孔桥部位进行无损检测抽查 ⑦ 分配(汇集)器的检查参照水冷壁集箱的要求进行

续表

序号	作业项目	主要内容和标准
2.2	水冷壁管	① 定点监测水冷壁折焰角、冷灰斗弯管以及燃烧器周围、热负荷较高等易发生管子壁厚减薄区域的水冷壁管壁厚 ② 抽查顶棚水冷壁管、包墙水冷壁管是否有明显过热、胀粗、变形等缺陷 ③ 抽查凝渣管是否有明显过热、胀粗、变形、鼓包、磨损等缺陷，应当无疲劳裂纹 ④ 抽查折焰角处水冷壁管是否有明显过热、变形、胀粗、磨损等缺陷；抽查水平烟道是否有明显积灰 ⑤ 抽查燃烧器周围以及热负荷较高区域管壁是否有明显结焦、高温腐蚀、过热、变形、磨损、鼓包等缺陷 ⑥ 对于液态排渣炉或者其他有卫燃带的锅炉，抽查卫燃带以及销钉是否有损坏 ⑦ 检查冷灰斗区域的水冷壁管是否有碰伤、砸扁、明显磨损等缺陷 ⑧ 抽查水冷壁中间集箱引出管第一道对接焊缝表面，应当无裂纹 ⑨ 抽查炉底水封板焊缝是否有开裂；抽查水封槽上方水冷壁管是否有明显腐蚀，应当无裂纹 ⑩ 对于沸腾炉，抽查埋管是否有碰伤、砸扁、明显磨损和腐蚀等缺陷 ⑪ 对于液态排渣炉，抽查渣口以及炉底耐火层是否有损坏 ⑫ 抽查膜式水冷壁是否有严重变形 ⑬ 检查冷灰斗四角、炉膛四角、折焰角和燃烧器周围等位置膜式水冷壁的膨胀情况，膨胀间隙是否足够，是否有卡涩 ⑭ 抽查膜式水冷壁鳍片与水冷壁管的连接焊缝，应当无开裂、超标咬边、漏焊等缺陷，重点检查安装现场组装焊缝、直流锅炉分段引出引入管处嵌装短鳍片以及燃烧器处短鳍片与水冷壁管子连接焊缝 ⑮ 抽查膜式水冷壁吹灰器孔、人孔、打焦孔以及观火孔周围的水冷壁管鳍片是否有烧损、开裂等缺陷 ⑯ 抽查膜式水冷壁燃烧器区域和炉膛四角鳍片是否有烧损、开裂等缺陷 ⑰ 抽查膜式水冷壁水封槽上方水冷壁鳍片是否有开裂 ⑱ 抽查膜式水冷壁、延伸墙、包墙过热器交接位置的鳍片是否有开裂 ⑲ 抽查吹灰器孔、人孔、打焦孔以及观火孔周围的水冷壁管是否有明显磨损、吹损、鼓包、变形和拉裂等缺陷 ⑳ 对于循环流化床锅炉，抽查进料口、出灰口、布风板水冷壁、翼形水冷壁、底灰冷却器水管是否有明显磨损、腐蚀等缺陷；抽查上方水冷壁管、水冷壁管对接焊缝处、测温热电偶附近以及靠近水平烟道的水冷壁管等处是否有明显磨损 ㉑ 抽查过热器冷却定位管导向装置的水冷壁护管，是否有明显磨损，水冷壁管弯管处的鳍片是否有裂纹 ㉒ 抽查水冷壁固定件、膨胀装置是否完好，是否有明显变形和损坏脱落；抽查与水冷壁管的连接焊缝，应当无裂纹、超标咬边等缺陷 ㉓ 割管检查高负荷区域水冷壁管内壁结垢、腐蚀情况，割管长度一般不小于500mm。测量向火侧、背火侧垢量并且计算结垢速率，分析垢样成分，当结垢量和结垢速率超过相关标准规定时，应当进行化学清洗 ㉔ 余热锅炉蒸发受热面管检查参照水冷壁管的要求进行
3	省煤器	
3.1	省煤器集箱	① 抽查进口集箱内部是否有异物，内壁是否有明显腐蚀 ② 抽查集箱管座角焊缝表面，应当无裂纹、未熔合、气孔、超标咬边、夹渣等缺陷 ③ 抽查集箱与支座是否接触良好，支座是否完好，是否有明显变形，预留膨胀间隙是否足够，方向是否正确；抽查吊耳与集箱连接焊缝表面，应当无裂纹、超标咬边等缺陷 ④ 抽查布置在烟道内的集箱防磨装置是否完好，集箱是否有明显磨损

续表

序号	作业项目	主要内容和标准
3.2	省煤器管	① 抽查管排平整度以及间距,管排间距是否均匀,是否有管子明显出列、烟气走廊、异物以及明显灰焦堆积等缺陷 ② 抽查管子和弯头以及吹灰器、阻流板、固定装置和存在烟气走廊区域的管子是否有明显磨损 ③ 抽查省煤器悬吊管是否有明显磨损,焊缝表面应当无裂纹、未熔合、气孔、超标咬边、夹渣等缺陷 ④ 抽查支吊架、管卡、阻流板、防磨瓦等是否有脱落、明显磨损等缺陷,防磨瓦是否有转向,焊缝应当无开裂、脱焊等缺陷 ⑤ 割管检查省煤器进口端管子内壁的结垢和氧腐蚀情况 ⑥ 抽查低温省煤器管是否有低温腐蚀 ⑦ 抽查膜式省煤器,鳍片焊缝两端应当无裂纹
4	过热器和再热器	
4.1	过热器和再热器集箱	① 抽查集箱表面是否有严重氧化、明显腐蚀和变形等缺陷 ② 抽查集箱环焊缝、封头与集箱筒体对接焊缝表面,应当无裂纹、未熔合、气孔、超标咬边、夹渣等缺陷 ③ 出口集箱引入管孔桥部位宜进行超声波检测,应当无裂纹 ④ 抽查吊耳、支座与集箱连接焊缝和管座角焊缝表面,应当无裂纹、未熔合、气孔、超标咬边、夹渣等缺陷 ⑤ 抽查集箱与支吊装置是否接触良好;吊杆装置是否牢固;支座是否完好,是否有明显变形;预留膨胀间隙是否足够,方向是否正确;抽查吊耳与集箱连接焊缝表面,应当无裂纹、超标咬边等缺陷 ⑥ 抽查安全阀管座角焊缝以及排气、疏水、排污、取样、充氮等管座角焊缝表面,应当无裂纹、未熔合、气孔、超标咬边、夹渣等缺陷 ⑦ 材料为 9%~12%Cr 系列钢制集箱环焊缝应进行表面无损检测以及超声波检测抽查,抽查比例一般为 10% 并且不少于 1 条焊缝;集箱环焊缝、热影响区和母材还应当进行硬度和金相检测抽查,同级过热器、再热器进出口集箱环焊缝、热影响区和母材硬度检测至少分别各抽查 1 处,同级过热器、再热器出口集箱环焊缝、热影响区和母材金相检测至少分别各抽查 1 处 ⑧ 集汽集箱检查参照过热器、再热器出口集箱的要求进行
4.2	过热器和再热器管	① 定点监测末级过热器管、末级再热器管外径并计算胀粗量;割管进行金相检测,必要时进行力学性能试验 ② 抽查管子是否有明显磨损、腐蚀、胀粗、鼓包、氧化、变形、碰磨、机械损伤、结焦等缺陷,应当无裂纹 ③ 抽查穿墙(顶棚)处管子是否有碰磨 ④ 抽查吹灰器附近的管子是否有明显吹损,应当无裂纹 ⑤ 抽查氧化皮剥落堆积检查记录或者报告,是否有氧化皮剥落情况 ⑥ 抽查管排间距是否均匀,是否有明显变形、移位、碰磨、积灰和烟气走廊等缺陷;检查存在烟气走廊部位的管子是否有明显磨损 ⑦ 抽查各级过热器、再热器管子的膨胀间隙是否符合要求,是否有膨胀受阻现象 ⑧ 抽查管排的悬吊结构件、管卡、梳形板、阻流板、防磨瓦等是否有烧损、脱焊、脱落、移位、明显变形和磨损等缺陷,重点检查是否存在损伤管子等情况 ⑨ 抽查穿顶棚管子与高冠密封结构焊接的密封焊缝表面,应当无裂纹、超标咬边等缺陷 ⑩ 抽查水平烟道区域包墙过热器管鳍片是否有明显烧损、开裂等缺陷

续表

序号	作业项目	主要内容和标准
5	减温器、汽-汽热交换器	① 抽查减温器筒体表面是否有严重氧化、明显腐蚀等缺陷 ② 抽查减温器筒体环焊缝、封头焊缝、内套筒定位螺栓焊缝表面,应当无裂纹、未熔合、气孔、超标咬边、夹渣等缺陷 ③ 抽查吊耳、支座与集箱连接焊缝和管座角焊缝表面,应当无裂纹、未熔合、气孔、超标咬边、夹渣等缺陷 ④ 抽查混合式减温器内套筒以及喷水管,内套筒应当无变形、移位、裂纹、开裂、破损等缺陷,检查固定件是否完整,应当无缺失、损坏;检查喷水孔或者喷嘴是否有明显磨损,应当无堵塞、裂纹、开裂、脱落等缺陷,必要时将喷水管抽出检查;检查筒体内壁是否有明显腐蚀,应当无裂纹 ⑤ 抽芯检查面式减温器内壁和管板是否有明显腐蚀,应当无裂纹 ⑥ 抽查减温器筒体是否有膨胀受阻情况 ⑦ 套管式汽-汽热交换器每组抽1只检查外壁是否有明显腐蚀、氧化等缺陷,U形弯头背弧处应当无裂纹;抽查进出管管座角焊缝表面,应当无裂纹、未熔合、气孔、超标咬边、夹渣等缺陷
6	外置式分离器	① 抽查分离器表面是否有明显腐蚀、变形等缺陷,应当无裂纹 ② 抽查切向汽水引入区域筒体壁厚,应当满足强度要求 ③ 抽查封头焊缝、引入和引出管座角焊缝表面,应当无裂纹、未熔合、气孔、超标咬边、夹渣等缺陷 ④ 抽查分离器与吊挂装置是否接触良好,吊杆装置是否牢固,受力是否均匀;支座是否完好,是否有明显变形,预留膨胀间隙是否足够,方向是否正确
7	锅炉汽水管道	① 抽查汽水联络管道、主给水管道、主蒸汽管道、再热蒸汽管道、排污管道等是否有严重氧化和明显腐蚀、皱褶、重皮、机械损伤、变形等缺陷,应当无裂纹;抽查直管段和弯头(弯管)背弧面厚度,最小实测壁厚应当不小于成品最小需要壁厚 ② 抽查汽水联络管道、主给水管道、主蒸汽管道、再热蒸汽管道、排污管道焊缝表面,应当无裂纹、未熔合、气孔、超标咬边、夹渣等缺陷 ③ 抽查安全阀管座角焊缝以及排气、疏水、排污、取样等管座焊缝表面,应当无裂纹、未熔合、气孔、超标咬边、夹渣等缺陷 ④ 蒸汽联络管道对接焊缝应当进行表面无损检测以及超声波检测抽查,抽查比例一般为1%并且不少于1条焊缝,重点检查与弯头(弯管)、三通和异径管相连接的对接焊缝;蒸汽联络管弯头(弯管)背弧面应当进行表面无损检测抽查,抽查比例一般为1%并且不少于1个弯头 ⑤ 主蒸汽管道和再热蒸汽热段管道对接焊缝应当进行表面无损检测以及超声波检测抽查,抽查比例一般各为10%并且各不少于1条焊缝,重点检查与弯头(弯管)、三通、阀门和异径管相连接的对接焊缝;主蒸汽管道和再热蒸汽热段管道弯头(弯管)背弧面应当进行表面无损检测抽查,抽查比例一般各为10%并且各不少于1个弯头 ⑥ 再热蒸汽冷段管道和主给水管道对接焊缝应当进行表面无损检测以及超声波检测抽查,抽查比例一般各为1%并且各不少于1条焊缝,重点检查与弯头(弯管)、三通、阀门和异径管相连接的对接焊缝;再热蒸汽冷段管道和主给水管道弯头(弯管)背弧面应当进行表面无损检测抽查,抽查比例一般各为1%并且各不少于1个弯头 ⑦ 9%~12%Cr系列钢制蒸汽联络管、主蒸汽管道、再热蒸汽热段管道环焊缝、热影响区、直管段母材、弯头(弯管)应当进行硬度和金相检测抽查,抽查比例一般各为焊口数量、直管段数量、弯头(弯管)数量的5%并且各不少于1点 ⑧ 对于已安装蠕变测点的主蒸汽管道、再热蒸汽管道,抽查蠕变测量记录 ⑨ 抽查汽水联络管、主蒸汽管道、再热蒸汽管道、主给水管道、排污管道支吊装置是否完好牢固,承力是否正常,是否有过载、失载等缺陷,减振器结构是否完好,液压阻尼器液位是否正常,应当无渗油现象 ⑩ 对于调峰机组锅炉汽水管道,应当根据实际情况适当增加检验比例

续表

序号	作业项目	主要内容和标准
8	锅炉启动系统	
8.1	汽水(启动)分离器	① 抽查分离器表面,是否有明显腐蚀、变形等缺陷,应当无裂纹 ② 抽查切向汽水引入区域筒体壁厚,应当满足强度要求 ③ 抽查封头焊缝、引入和引出管座角焊缝表面,应当无裂纹、未熔合、气孔、超标咬边、夹渣等缺陷 ④ 抽查分离器与吊挂装置是否接触良好,吊杆装置是否牢固,受力是否均匀;支座是否完好,是否有明显变形,预留膨胀间隙是否足够,方向是否正确
8.2	贮水罐(箱)	① 抽查贮水罐(箱)表面是否有明显腐蚀、变形等缺陷,应当无裂纹 ② 抽查封头焊缝、引入和引出管座角焊缝表面,应当无裂纹、未熔合、气孔、超标咬边、夹渣等缺陷 ③ 抽查贮水罐(箱)与吊挂装置是否接触良好,吊杆装置是否牢固,受力是否均匀;支座是否完好,是否有明显变形,预留膨胀间隙是否足够,方向是否正确
8.3	承压管道	① 抽查汽水联络管、主给水管道、主蒸汽管道、再热蒸汽管道、排污管道等是否有严重氧化和明显腐蚀、皱褶、重皮、机械损伤、变形等缺陷,应当无裂纹;抽查直管段和弯头(弯管)背弧面厚度,最小实测壁厚应当不小于成品最小需要壁厚 ② 抽查汽水联络管、主给水管道、主蒸汽管道、再热蒸汽管道、排污管道焊缝表面,应当无裂纹、未熔合、气孔、超标咬边、夹渣等缺陷 ③ 抽查安全阀管座角焊缝以及排气、疏水、排污、取样等管座角焊缝表面,应当无裂纹、未熔合、气孔、超标咬边、夹渣等缺陷 ④ 蒸汽联络管对接焊缝应当进行表面无损检测以及超声波检测抽查,抽查比例一般为1%并且不少于1条焊缝,重点检查与弯头(弯管)、三通和异径管相连接的对接焊缝;蒸汽联络管弯头(弯管)背弧面应当进行表面无损检测抽查,抽查比例一般为1%并且不少于1个弯头 ⑤ 主蒸汽管道和再热蒸汽热段管道对接焊缝应当进行表面无损检测以及超声波检测抽查,抽查比例一般各为10%并且各不少于1条焊缝,重点检查与弯头(弯管)、三通、阀门和异径管相连接的对接焊缝;主蒸汽管道和再热蒸汽热段管道弯头(弯管)背弧面应当进行表面无损检测抽查,抽查比例一般各为10%并且各不少于1个弯头 ⑥ 再热蒸汽冷段管道和主给水管道对接焊缝应当进行表面无损检测以及超声波检测抽查,抽查比例一般各为1%并且各不少于1条焊缝,重点检查与弯头(弯管)、三通、阀门和异径管相连接的对接焊缝;再热蒸汽冷段管道和主给水管道弯头(弯管)背弧面应当进行表面无损检测抽查,抽查比例一般为1%并且不少于1个弯头 ⑦ 9%~12%Cr系列钢制蒸汽联络管、主蒸汽管道、再热蒸汽热段管道环焊缝、热影响区、直管段母材、弯头(弯管)应当进行硬度和金相检测抽查,抽查比例一般为焊口数量、直管段数量、弯头(弯管)数量的5%并且不少于1点 ⑧ 对于已安装蠕变测点的主蒸汽管道、再热蒸汽管道,抽查蠕变测量记录 ⑨ 抽查汽水联络管、主蒸汽管道、再热蒸汽管道、主给水管道、排污管道支吊装置是否完好牢固,承力是否正常,是否有过载、失载等缺陷,减振器结构是否完好,液压阻尼器液位是否正常,应当无渗油现象 ⑩ 对于调峰机组锅炉汽水管道,应当根据实际情况适当增加检验比例
9	阀体	抽查安全阀、水压试验堵阀、锅炉侧主蒸汽阀、锅炉侧主给水管道阀等阀体外表面是否有明显腐蚀,应当无裂纹、泄漏和铸造或者锻造缺陷,必要时抽查阀体内表面是否有明显腐蚀、冲刷等缺陷,应当无裂纹铸造或者锻造缺陷,密封面应当无损伤
10	炉墙、保温材料	① 抽查炉顶密封结构是否完好,是否有明显积灰 ② 抽查炉墙保温材料是否完好,是否有破损、明显变形等缺陷 ③ 抽查冷灰斗、后竖井炉墙密封是否完好 ④ 抽查锅炉内耐火层是否完好,是否有破损、脱落等缺陷

续表

序号	作业项目	主要内容和标准
11	膨胀指示装置和主要承重部件	① 抽查膨胀指示装置是否完好，指示是否正常，方向是否正确 ② 抽查大板梁，是否有明显变形；首次检验抽查大板梁挠度，应当不大于 1/850，以后每隔 5 万小时检查一次 ③ 抽查大板梁焊缝表面，应当无裂纹 ④ 抽查承重立柱、梁以及连接件是否完好，是否有明显变形、损伤等缺陷，表面是否有明显腐蚀，防腐层是否完好 ⑤ 抽查吊杆是否有松动和明显过热、氧化、腐蚀等缺陷，应当无裂纹 ⑥ 抽查锅炉承重混凝土梁、柱，应当无开裂以及露筋现象
12	空气预热器	① 对于回转式空气预热器，抽查传热元件和元件盒，传热元件是否有严重积灰；传热元件和元件盒是否有明显腐蚀、磨损、吹损、变形等缺陷，应当无开裂、脱落等缺陷 ② 对于管式空气预热器，抽查管子是否有严重积灰和明显腐蚀、磨损等缺陷，应当无泄漏 ③ 对于热管式空气预热器，抽查热管和鳍片，热管表面是否有明显腐蚀、磨损等缺陷；鳍片是否紧密，是否有松脱、明显腐蚀、穿孔等缺陷
13	燃烧室、燃烧设备、吹灰器、烟风道等辅助装置	① 抽查燃烧室是否完好，是否有明显变形、结焦和耐火层脱落等缺陷 ② 抽查燃烧设备，是否有严重烧损、明显变形、磨损、泄漏、卡死等缺陷；燃烧器吊挂装置连接部位应当无裂纹、松脱等缺陷 ③ 抽查吹灰器以及套管是否明显减薄，喷头是否有严重烧损、开裂缺陷，吹灰器疏水管斜度是否符合疏水要求 ④ 抽查烟风道及其附件，烟道是否有烧损、明显变形等缺陷；风道是否有明显变形；伸缩节是否有破损；挡板、插板开关位置是否准确，开关是否灵活；支吊装置是否完好牢固，承力是否正常；烟道支撑是否有明显磨损

4.4 汽轮机检修

根据中华人民共和国汽轮机安全运行标准和厂家设备运行标准规定，新安装的汽轮发电机组正常运行一年以后要进行开缸检查，以消除机组的安全隐患，之后每隔 3 年都要对机组进行一次开缸检查。

汽轮机检修主要工作量包括：解体检查径向轴承或止推轴承，测量瓦量、瓦背紧力、油封间隙、转子窜量和分窜量，必要时进行调整或更换零部件，清扫轴承箱。检查、测量各轴颈、推力盘的完好情况，必要时进行修理。各联轴器部件清洗，检查轮毂和螺栓配合、磨损情况，对联轴器轮毂、螺栓等进行无损探伤。检查止推轴承表面粗糙度及测量端面跳动。清洗检查危急遮断器，测量危急遮断器杠杆与轴位移凸台及危急遮断器飞锤头部间隙。检查、调整各振动探头、轴位移探头及所有报警信号、联锁、安全阀及其他仪表装置。检查各弹簧支架，有重点地检查管道、管件、阀门等的冲刷情况，若有问题进行修理或更换。检查、清理调节阀的传动机构，试验主汽阀动作情况。机组检修前复查中心线，检修后重新找正。拆卸气缸，检查转子密封、喷嘴、叶轮、隔板、缸体等零件腐蚀、磨损、冲刷结垢等情况，并进行无损探伤。转子清洗除垢、宏观检查、形位公差检查。有关部位进行无损探伤，及测振探头检查。宏观检查叶轮，转子进行无损探伤，根据检查和检验情况决定转子是做动平衡还是更换。检查叶片腐蚀情况、叶根的紧固情况以及积垢情况，测定各单独叶片或成组叶片的静频率。检查、清洗气缸体封头螺栓及中分面螺栓，并做无损探伤。气缸、隔板无损探伤，气缸支座螺栓检查及导向销检查。解体检查调节阀、错油门、高压油动机及中压油动机等，测量有关部位间隙，阀头、阀座探伤检查。解体检查主汽阀、危急遮断器等安全保护装置。盘车机构检查、修理。清洗各级气封、平衡盘密封、轴端气封等，测量各部位气封间隙，修理或更换损坏件。检查转子在缸体中的轴向工作位置，测量各通流部位轴向间隙，视情况进行调整。气缸、隔板与轴承座洼窝中心检查，并根据情况进行调整。必要时测量气缸、轴承座中分面的水平度，视情况进行调整。所有检测部位，全部做好检修前原始记录，以便安装时对照。汽轮机年检内容如表 4-4 所示。

表 4-4 汽轮机年检内容

序号	作业项目	主要内容
1	气缸	① 拆除、清理保温，揭缸，翻缸，上下缸检查调整 ② 清除蒸汽室内部、气缸壁及静叶片上的污垢 ③ 检查气缸及喷嘴有无裂纹、冲刷、损伤及结构面漏汽痕迹等缺陷，必要时处理；清扫、修理、检查气缸螺栓 ④ 清理并检查气缸疏水孔、压力孔及温度计套管 ⑤ 清理并检查隔板及静叶片有无裂痕、冲刷、损伤、变形等缺陷，必要时进行处理 ⑥ 测量调整隔板套 ⑦ 通流部分间隙检查，必要时进行调整
2	转子	① 清除转子叶轮上的污垢 ② 检查主轴、弯曲度、叶轮瓢偏、有无磨损、叶片锈蚀情况并做好记录 ③ 联轴器及螺栓检查 ④ 检查轴颈 ⑤ 检查推力盘 ⑥ 测量转子对气缸瓦窝的中心情况及转子水平扬度
3	轴承	① 检查各轴承、推力轴承的接触情况，必要时进行处理 ② 检查轴承和轴承座的接触情况，必要时进行处理 ③ 测量并调整轴承、推力轴承的间隙、紧力并做好记录 ④ 检查轴承和轴承座油挡是否有磨损等缺陷，必要时更换 ⑤ 配合热工更换轴瓦铂热电阻
4	滑销系统	① 检查纵销、横销、"猫爪" ② 检查后气缸两侧台板的连接螺栓配合间隙 ③ 检查前气缸和前轴承的立销和"猫爪"
5	气封	① 测量各气封的间隙，间隙超标的进行更换 ② 检查各气封弹簧片，对老损弹簧片进行更换 ③ 气封套检查
6	靠背轮、盘车装置	① 检查靠背轮的连接螺栓和螺栓孔有无晃动，必要时进行处理；监测调整靠背轮中心 ② 检查盘车装置齿轮的咬合、磨损情况 ③ 调整或更换盘车装置变形和磨损的超标件

续表

序号	作业项目	主要内容
7	调节系统及保护装置	① 检查主油泵及进出管道 ② 检查清洗调速系统(油动机、错油门、同步器等) ③ 检查危急遮断器、危急遮断器油门、轴向位移检测装置 ④ 配合热工检查轴向位移及热膨胀测量装置 ⑤ 解体检修自动主汽门 ⑥ 完成静态保护试验
8	滑油系统	① 润滑油更换及过滤 ② 检查注油器 ③ 更换过滤网、清洗油箱 ④ 冷油器油侧、水侧清洗
9	气缸保温	① 拆卸原有的气缸保温材料 ② 新的保温材料施工
10	抽汽器	检查主、辅抽汽器、喷嘴、扩散管及附件,更换磨损件并进行水压试验
11	加热器及疏水冷却器	进行加热器、疏水冷却器、轴加热器的水压试验,消除泄漏,检查修理汽水系统及附件,更换10%以上的加热器管子

结论及展望

根据涠洲终端发电厂燃气轮机简单循环运行数据 Typhoon 73 型燃气轮机发电机组在现场工况下发电天然气气耗约为 0.5674m³/kW，UGT6000 型燃气轮机发电机组在现场工况下发电天然气气耗约为 0.5646m³/kW。全站平均气耗为 0.5660m³/kW。涠洲终端余热电站项目投产后，联合循环中的汽轮机发电量为 8142kW·h，折算成燃气轮机简单循环，需消耗天然气 4608m³/h。按年运行 8000h 计算，相当于年节约天然气 36866976m³/a。

Typhoon 73 型燃气轮机和 UGT6000 型燃气轮机加装余热锅炉进行节能改造后，综合热效率大幅度提高。运行参数下，燃气轮机烟气中，约有 397.11t/h 的高温烟气进入余热锅炉，可以产生 35.8t/h 左右的蒸汽，发电 8142kW·h，节能效果显著，而且大幅度减少了 CO_2 排放。实施燃气轮机烟气余热利用改造后，排烟温度分别从 447℃ 和 389℃ 降低到 115.6℃ 和 125.4℃，大大减少了烟气的热污染。

按售电模式，根据财务分析可知，在考虑资金的时间价值的情况下，利用燃气轮机烟气的热量进行余热发电约 5.85 年后可以回收投资。经过经济效益分析可知，在基准收益率为 8%、运行期为 20 年的情况下，项目的财务净现值为 8654.37 万元，项目投资财务内部收益率为 24.3%。按售气模式，根据财务分析可知，在考虑资金的时间价值的情况下，利用燃气轮机烟气的热量进行余热发电约 4.49 年后可以回收投资。

南海西部油田海上装置的透平机台数众多，余热量非常大，目前仅涠洲 11-4 油田 A 平台、涠洲 12-1 PUQB 平台、东方终端 C40 压缩机组的高温烟气和涠洲终端透平发电机组的余热加以利用外，其他各油气田机组高温烟气没有利用。涠洲终端余热电站项目的顺利实施势必带动其他生产设施余热的利用，为南海西部油田节能减排工作起到示范引领作用。

参 考 文 献

[1] 董益成,冷冰,黄持胜,等.燃气轮机余热锅炉的优化设计.电力建设,2003,(1):13-16.
[2] 陈慧,考宏涛,郭涛,等.纯低温余热发电系统中余热锅炉的热力学分析.动力工程学报,2010,(2):151-155.
[3] 朱大锋,何雁飞.余热锅炉技术的发展.东方电气评论,2011,(2):68-73.
[4] 高占洋.增压锅炉余热回收阻力特性数值模拟研究.中国船舰研究院,2013,(4):23-25.
[5] 刘庸,李琳,田淑霞.新型翅片管式余热锅炉.石油和化工设备,2012,(15):69-70.
[6] 梁海东,杨嘉栋,王建志.燃气轮机余热锅炉三通挡板阀的研制.热能动力工程,1998,(13):331-333.
[7] 程纠.东方终端透平尾气排烟系统设计.能源与环境,2015,(1):33-35.
[8] 高占洋,王建志,高世杰,等.余热回收对增压锅炉装置排烟阻力及性能的影响分析.热能动力工程,2013,(3):307-309.
[9] 劳新力.余热锅炉对燃气透平的影响分析.科技传播,2016,(4):117-120.
[10] 胡长庆,帅学锋,等.烧结余热回收发电关键技术.钢铁,2011,(1):86-91.
[11] 周贤,许世森,等.回收余热的热电联产 IGCC 电站研究.中国电机工程学报,2014,(S1):100-104.
[12] 崔凝,王兵树,高建强,等.大容量余热锅炉动态模型的研究与应用.中国电机工程学报,2006,(19):103-109.
[13] 国建鸿,顾国彪,傅德平,等.330MW 蒸发冷却汽轮发电机冷却技术的特点及性能.电工技术学报,2013,(3):134-139.
[14] 李伟力,管春伟,郑萍.大型汽轮发电机空实心股线涡流损耗分布与温度场的计算方法.中国电机工程学报,2012,(S1):264-271.
[15] 姚涛,侯哲,顾国彪.蒸发冷却技术应用于大型汽轮发电机的技术可行性.电工技术学报,2008,(2):1-5.
[16] 官义高.关于企业节能量计算问题的探讨.中国能源,2010,(4):37-39.
[17] 宋丹丹,刘正恩.节能改造项目三种常见的节能量计算方法.上海节能,2015,(9):513-516.
[18] 刘祖仁,李达,张阳.海上燃气轮机余热资源计算.中外能源,2012,(5):99-103.
[19] 王美波.立式废热回收装置在海上平台上的选型设计浅析.海洋石油,2014,(1):103-106.
[20] 贺相军.锦州 25-1 南二期油气田项目余热回收装置选型设计.石油和化工设备,2014,(11):35-37.